工业和信息化高职高专"十三五"规划教材立项项目

21世纪高等院校
移动开发人才培养规划教材

移动应用

UI

设计

张晓景 胡克／主编

MOBILE APPLICATION

UI DESIGN

人民邮电出版社

北京

图书在版编目（CIP）数据

移动应用UI设计 / 张晓景，胡克主编. -- 北京：
人民邮电出版社，2016.1
21世纪高等院校移动开发人才培养规划教材
ISBN 978-7-115-40548-7

Ⅰ. ①移… Ⅱ. ①张… ②胡… Ⅲ. ①移动终端－应
用程序－程序设计－高等学校－教材 Ⅳ. ①TN929.53

中国版本图书馆CIP数据核字(2015)第238201号

内 容 提 要

现如今，各种通信和网络连接设备与大众生活的联系日益密切。用户界面是用户与机器设备进行交互的平台，这就使得人们对各种类型 UI 界面的要求越来越高，并促进 UI 设计行业的兴盛，iOS、Android 和 Windows 这 3 种系统就是其中的佼佼者。

本书主要依据 iOS、Android 和 Windows 这 3 种操作系统的构成元素，由浅入深地讲解了初学者需要掌握和感兴趣的基础知识和操作技巧，全面解析各种元素的具体绘制方法。全书结合实例进行讲解，详细地介绍了制作的步骤和软件的应用技巧，使学员能轻松地学习并掌握。

本书主要根据学员学习的难易程度，以及在实际工作中的应用需求来安排章节，真正做到为读者考虑，也让不同程度的学员更有针对性地学习，强化自己的弱项，并有效帮助 UI 设计爱好者提高操作速度与效率。

本书知识点结构清晰，内容有针对性，实例精美实用，适合大部分 UI 设计爱好者与设计专业的大中专学生阅读。随书附赠的光盘包含了书中所有实例的教学视频、素材和源文件，用于补充书中遗漏的细节内容，方便读者学习和参考。

- ◆ 主　编　张晓景　胡　克
　　责任编辑　刘盛平
　　执行编辑　刘　佳
　　责任印制　张佳莹　杨林杰
- ◆ 人民邮电出版社出版发行　　北京市丰台区成寿寺路 11 号
　　邮编　100164　　电子邮件　315@ptpress.com.cn
　　网址　http://www.ptpress.com.cn
　　北京九州迅驰传媒文化有限公司印刷
- ◆ 开本：787×1092　1/16
　　印张：11.25　　　　　　　　　2016 年 1 月第 1 版
　　字数：282 千字　　　　　　　2024 年 12 月北京第 15 次印刷

定价：49.80 元

读者服务热线：(010)81055256　印装质量热线：(010)81055316
反盗版热线：(010)81055315

随着信息量不断增加，人们的生活变得越来越离不开软件，提到软件就不得不说用户图形界面。用户图形界面是用户与各种机器和设备进行交互的平台，一款好的用户图形界面设计应该同时具备美观与易于操作两个特性。

本书主要通过理论知识与操作案例相结合的方法，向读者介绍了使用 Photoshop 绘制 iOS、Android 与 Windows Phone 操作系统中各种构成元素的方法和技巧。

内容安排

本书共分为 8 章，采用少量基础知识与大量应用案例相结合的方法，循序渐进地向读者介绍 iOS 与 Android 系统中各部分元素的绘制方法，下面分别对各章的具体内容进行介绍：

第 1 章　手机 UI 设计基本概念：主要介绍手机的分类与分辨率，以及 UI 的相关单位和色彩搭配，并讲解图形元素的格式和大小，最后对常用的设计软件进行简单讲解，常用的软件包括 Illustrator、3ds MAX 和 Image Optimizer 等。演示手机锁屏界面的制作过程，为读者布置了"制作计算器界面"的课后作业。

第 2 章　常见手机系统：主要介绍 3 种系统，包括苹果系统（iOS）、安卓系统（Android）和 Windows Phone 系统，内容主要是 3 种系统的发展史以及基本组件和各自的特色。同时也对黑莓系统和塞班系统进行了简单的介绍。演示了 WP 系统时间设置界面的制作过程，为读者布置了制作 WP 通知界面的课后作业。

第 3 章　手机 UI 设计风格与规范：主要介绍 iOS 系统和 Android 系统中一些基本形状和元素的制作方法，通过对设计原则和规范的了解，制作出完整的界面。演示了制作 iOS 系统播放器的过程，并为读者布置了绘制天气预报 APP 界面的课后作业。

第 4 章　手机 UI 中的图标设计：主要介绍图标设计的必要性、好图标的共同点，介绍了 iOS 系统图标的设计规范和 Android 系统图标设计规则。制作了一个 iOS 系统图标，为读者布置了设计手机便签 APP 图标的课后作业。

第 5 章　了解手机 UI 中的 APP 控件：主要介绍 iOS 系统控件和 Android 系统控件的分类和设计规范。通过制作文本编辑器使读者充分理解控件制作的要点。为读者布置了绘制 Android 锁屏界面的课后作业。

第 6 章　手机 UI 中的图片和文字：主要介绍 iOS 系统中的图片、文字排版和特效处理，Android 系统中的图片、字体和特效处理。通过制作邮件浏览界面帮助读者理解所学内容。为读者布置了制作 Android 天气 APP 界面的课后作业。

第 7 章　iOS 系统 APP UI 设计：主要介绍 iOS 界面设计原则和界面设计概述，并对 iOS 界面设计流程进行了介绍。通过制作 iOS 系统工作界面案例，展示了整个设计过程。为读者布置了制作 iOS 系统通知界面的课后作业。

第 8 章　Android 系统 APP UI 设计：主要介绍 Android 系统的设计准则，强调纯粹的 Android APP 设计和 Android 界面设计风格。通过制作 Android 网页浏览界面，帮助读者充分理解手机 UI 设计规则，并为读者布置了制作 Android APP 天气预报界面的课后作业。

本书特点

本书采用理论知识与操作案例相结合的教学方式，全面介绍了不同类型质感处理和表现的相关知识和所需的操作技巧。

- **通俗易懂的语言**

本书采用通俗易懂的语言全面地向读者介绍 iOS、Android 和 Windows Phone 等系统界面设计所需的基础知识和操作技巧，确保读者能够理解并掌握相应的功能与操作。

- **基础知识与操作案例结合**

本书摒弃了传统教科书式的纯理论式教学，采用少量基础知识和大量操作案例相结合的讲解模式。

- **技巧和知识点的归纳总结**

本书在基础知识和操作案例的讲解过程中列出了大量的提示和技巧，这些信息都是结合作者长期的 UI 设计经验与教学经验归纳出来的，可以帮助读者更准确地理解和掌握相关的知识点和操作技巧。

- **多媒体光盘辅助学习**

为了增加读者的学习渠道，提高读者的学习兴趣，本书配有多媒体教学光盘。在教学光盘中提供了本书中所有实例的相关素材和源文件，以及书中所有实例的视频教学，读者可以跟着本书做出相应的效果，并将其快速应用于实际工作中。

读者对象

本书适合 UI 设计爱好者、想进入 UI 设计领域的读者朋友，以及设计专业的大中专院校学生阅读，同时对专业设计人士有很高的参考价值。希望读者通过对本书的学习，能够早日成为优秀的 UI 设计师。

本书由张晓景，胡克主编。本书在写作过程中力求严谨，由于时间有限，疏漏之处在所难免，望广大读者批评指正。

编　者

2015 年 5 月

目录 CONTENTS

3
第 3 章
手机 UI 设计风格与规范 /45

4
第 4 章
手机 UI 中的图标设计 /63

5

第 5 章
了解手机 UI 中的 APP 控件

8 第 8 章
Android 系统 APP UI 设计　　　　　　/145

01

第1章
手机 UI 设计基本概念

本章简介

　　手机 UI 设计是指手机软件的人机交互、操作逻辑、界面美观的整体设计。置身于手机操作系统中人机交互的窗口，设计界面必须基于手机的物理特性和软件的应用特性进行合理的设计，界面设计师首先应对手机的系统性能有所了解。手机 UI 设计一直被业界称为产品的"脸面"，好的 UI 设计不仅要让软件变得有个性、有品味，还要让软件的操作变得舒适、简单、自由，充分体现软件的定位和特点。

学习重点

- 手机的分类
- 手机屏幕的分辨率
- 手机屏幕的色彩
- 手机 UI 设计的特点

- UI 设计中的色彩搭配
- UI 设计中的图形元素格式
- 手机 UI 的相关单位

1.1 了解 UI 设计

UI 设计即为用户界面设计（User Interface）。UI 设计的种类很多，按照应用的领域不同可以分为网页设计、手机界面设计、软件界面设计和游戏界面设计 4 类。不同种类的 UI 有着不同的设计要求，例如手机界面设计由于受到屏幕大小的限制，具有其独有的特征和设计准则。

1.1.1 什么是 UI 设计

UI 设计是为了满足专业化、标准化需求而对软件界面进行美化、优化和规范化的设计分支。具体包括启动界面设计、框架设计、按钮设计、面板设计、菜单设计、图标设计、滚动条和状态栏设计等，如图 1-1 所示。

图 1-1

1.1.2 手机 UI 与平面 UI 的区别

手机 UI 设计是平面 UI 设计中的一支分支。与其他类型的 UI 设计相比，手机 UI 的平台主要应用于在手机的 APP/ 客户端上，因此对于手机的型号和尺寸有严格的限定。

由于手机 UI 的独特性，使得很多平面设计师需要重新调整审美基础。比如手机 UI 通常对尺寸有严格要求、对控件和组件类型有特殊要求等

但是，很多设计师不能够合理布局，不能够将网站设计的构架理念合理地转化到手机界面的设计上。设计师会觉得手机界面限制非常多，觉得创意性发挥空间太小，表达的方式也非常有限，甚至很死板。但真实的情况并不是这样，通过了解手机的空间有多少，合理创意，一样可以完成优秀的 UI 设计。当然也要注意，手机 UI 设计受到手机系统的限制。所以在开始设计手机 UI 时，一定要先确认最终使用的系统。

1.1.3 手机 UI 设计的特点

与其他类型的软件界面设计相比，手机 UI 设计有着更多的局限性和其独有的特征，这种局限性主要来自手机屏幕尺寸的局限。这就要求设计师在着手设计制作之前，必须先对相应的设备进行充分地了解和分析。

总体来说，手机界面设计具有以下 4 个特征。

- 手机的显示屏相对较小，能够支持的色彩也比较有限，可能无法正常显示颜色过于丰富的图像效果，这就要求界面中的元素要处理得尽可能简洁。当前流行的扁平化风格可以说将此贯彻到了极致。

- 手机界面交互过程不宜设计得太复杂，交互步骤不宜太多。这可以提高操作便利性，进而提高操作效率。
- 不同型号的手机支持的图像格式、音频格式和动画格式不一样，所以在设计之前要充分收集资料，选择尽可能通用的格式，或者对不同型号进行配置选择。
- 不同型号的手机屏幕比例不一致，所以设计时还要考虑图片的自适应问题和界面元素图片的布局问题。

通常来说，制作手机 UI 界面时会按照最常用、最大尺寸的屏幕进行制作，然后分别为不同尺寸的屏幕各制作一套图，这样就可以保证大部分的屏幕都可以正常显示。

1.2 手机 UI 设计的相关知识

随着移动互联网的快速发展，手机 UI 设计行业的规模逐渐庞大起来，分工也逐渐细化。随着手机移动设备的不断普及，对手机设备的软件需求越来越多。

如今市场上的手机品种数不胜数，根据手机功能的不同，可以将其大致分为 6 类。另外，手机的分辨率和色彩级别影响着 UI 界面元素的显示效果，也是两个非常重要的参数。

1.2.1 手机的分类

随着科技和经济的发展，手机的品种和型号众多，手机除了具备基本的通话功能外，还具备了掌上电脑的大部分功能，智能手机被广泛使用。智能手机界定广泛，也有很多不同的分类方法。根据手机功能和应用对象的不同，可以将其大致分为 7 种类型：商务手机、学习手机、老人手机、音乐手机、视频手机和游戏手机。下面对这 6 种手机进行详细介绍。

- **商务手机**

以商务人士或就职于国家机关单位的人士作为目标用户群；功能完善、强大，运行流畅；帮助用户实现快速而顺畅的沟通，高效地完成商务活动。

商务手机在商务功能上有更多的要求，例如电话本的容量要大、信息交流手段要多而且速度高，充分地体现为商务人士量身定做的功能。

针对人们对时尚的追求，商务手机除了对功能的要求以外，还要求外观沉稳，表现出非凡的气度，因此必须要进行外观的合理美化，如图 1-2 所示。

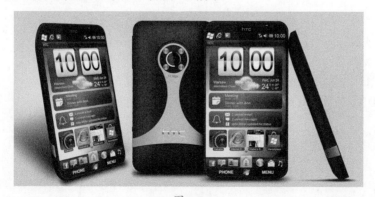

图 1-2

- **学习手机**

学习手机在手机的基础上增加了学习功能，以手机为辅、"学习"为主，主要适用于初中、高中、大学以及留学生使用。学习手机可以随身携带，随时进入到学习状态，集教材、实用教科书学习为一体，以"教学"为目标。

- **音乐手机**

除了电话的基本功能外，更侧重于音乐播放功能；具有音质好、播放音乐时间长、有播放快捷键等特点。

音乐手机必须具有可靠的数字音乐播放器，能够支持音质和开放的标准音乐格式，并且产品的容量需求等方面均有一定的要求。

音乐手机还需要具备音乐搜索、音乐下载和从其他设备上传输音乐文件的功能，如图1-3所示。

图 1-3

- **老人手机**

老人手机应力求操作简便、实用，例如大屏幕、大字体、高铃音、大按键和高通话音等，各种软件的结构清晰明了，操作简单。

包括一键拨号、验钞、手电筒、助听器、语音读短信、读通讯录和读来电等方便实用的功能，包含收音机、京剧戏曲和日常菜谱等功能，以提高老年人的生活品质。

- **视频手机**

视频手机是指高清视频播放能力出色的手机，包括本地视频与在线视频播放能力，简单地说就是支持大部分格式的高清视频。

视频手机是以手机为终端设备，传输电视内容的一项技术或应用。目前，手机电视业务可以通过 3 种方式实现。

> 利用蜂窝移动网络实现，例如中国移动和中国联通。
> 利用卫星广播的方式实现，韩国的运营商采用这种方式。
> 在手机中安装数字电视的接收模块，直接接收数字电视信号。

- **游戏手机**

游戏手机结合了普通手机功能，专门为游戏设计制造出来的手机，一般拥有自己的操作系统和专属游戏，软件和硬件都为运行游戏而经过优化，类似于掌上游戏机。

游戏手机比较侧重于游戏功能和游戏体验，机身上一般有专为游戏设置的按键，屏幕的品质也很棒。

图 1-4

1.2.2 手机屏幕的分辨率

手机屏幕的分辨率就是屏幕上横、纵的总像素点数。对于手机 UI 设计而言，手机屏幕的分辨率是一个极其重要的参数，这关系到一套 UI 界面在不同分辨率屏幕上的显示效果。目前，市场上较为常见的手机屏幕分辨率主要包括 6 种。

屏幕类型	特征描述
QVGA	全称 Quarter VGA，是目前最常见的手机屏幕分辨率，竖向 240 像素 ×320 像素，横向 320 像素 ×240 像素
HVGA	全称 Half-size VGA，大多用于平板电脑，480 像素 ×320 像素，宽高比为 3：2，VGA 分辨率的一半
WVGA	全称 Wide VGA，通常用于 PDA 或者高端智能手机，分辨率分为 854 像素 ×480 像素和 800 像素 ×480 像素两种
QCIF	全称 Common Intermediate Format，用于拍摄 QCIF 格式的标准化图像，屏幕分辨率为 176 像素 ×144 像素
SVGA	全称 Super VGA，屏幕分辨率为 800 像素 ×600 像素，随着显示设备行业的发展，SXGA+（1400 像素 ×1050 像素）、UXGA（1600 像素 ×1200 像素）、QXGA（2048 像素 ×1536 像素）也逐渐上市
WXGA	WXGA（1280 像素 ×800 像素）多用于 13-15 寸的笔记本电脑 WXGA+（1440 像素 ×900 像素）多用于 19 寸宽屏 WSXGA+（1680 像素 ×1050 像素）多用于 20 寸和 22 寸的宽屏，也有部分 15.4 寸的笔记本使用这种分辨率 WUXGA（1920 像素 ×1200 像素）多用于 24 ～ 27 寸的宽屏显示器 而 WQXGA（2560 像素 ×1600 像素）多用于 30 寸的 LCD 屏幕

1.2.3 手机屏幕的色彩

手机屏幕色彩实质上是指屏幕可以显示的色彩数量。

目前，市场上彩屏手机的色彩指数由低到高依次可分为单色、256 色、4096 色、65536 色、26 万色和 1600 万色。其中 $256=2^8$，即 8 位彩色，依此类推，$65536 色 =2^{16}$，即通常所说的 16 位真彩色。

手机的显示内容主要可以分为文字、简单图像（例如简单的线条和卡通图形等）和照片三类。不同色彩级别屏幕的显示效果截然不同。文字通常只需要很少的颜色就可以正常表现，而色彩细腻丰富的图像则需要色彩级别较高的屏幕才能完美地表现，如图 1-5 所示。

在测试手机屏幕的色彩时，可以依据以下 3 个指标：红绿蓝三原色的显示效果、色彩过渡的表现和灰度等级的表现。

图 1-5

1.3 UI 设计中的图形元素格式

图像文件的存储模式主要可以分为位图和矢量图两类，位图格式包括 PSD、TIFF、BMP、PNG、GIF 和 JPEG 等；矢量图格式包括 AI、EPS、FLA、CDR 和 DWG 等。手机 UI 界面的各种元素通常仅会以 JPEG、GIF 和 PNG 格式进行存储。

1.3.1 JPEG 格式

JPEG 格式是最为常见的图片格式。这种格式以牺牲图像质量为代价，对文件进行高比率的压缩，以大幅降低文件的体积。

JPEG 格式在处理图像时可以自动压缩类似颜色，保留明显的边缘线条，从而使压缩后的图像不至于过分失真。这种格式的文件不适合于 EP 刷。JPEG 格式的优缺点如下。

优点	利用灵活的压缩方式控制文件大小	缺点	大幅度压缩图像，降低文件的数据质量
	可以对写实图像进行高比例的压缩		压缩幅度过大，不能满足打印输出
	体积小，被广泛地应用于网络传输		不适合存储颜色少、具有大面积相近颜色的区域，或亮度变化明显的简单图像
	对于渐进式 JPEG 文件支持交错		

提示：当重新编辑和保存 JPEG 文件时，JPEG 会混合原始图片数据的质量下降，而且这种下降是累积性的，也就是说每编辑存储一次就会下降一次。

1.3.2 GIF 格式

GIF 格式的全称为"图像互换格式"，采用一种基于连续色调的无损压缩格式，压缩比率一般在 50% 左右。GIF 格式最大的特点就是可以在一个文件中同时存储多张图像数据，达到一种最简单的动画效果，此外还支持某种颜色的透明显示。GIF 格式的优缺点如下。

优点	存储颜色少，体积小，传输速度快	缺点	只支持 256 种颜色，极易造成颜色失真
	动态 GIF 可以用来制作小动画		不支持真彩色
	适合存储线条颜色极其简单的图像		不支持完全透明
	支持渐进式显示方式		

1.3.3 PNG 格式

PNG 格式的全称为"可移植网络图形格式"，是一种位图文件存储格式。PNG 格式的目的是试图代替 GIF 和 TIFF 格式，并增加一些 GIF 格式所不具备的特征。这种格式最大的特征是支持透明，而且可以在图像品质和文件体积之间做出均衡的选择。下面分别为 PNG 格式的优缺点。

优点	采用无损压缩，可以保证图像的品质	缺点	不支持动画
	支持 256 种真彩色		在存储无透明区域，颜色极其复杂的图像时，文件体积会变得很大，不如 JPEG
	支持透明存储，失真小，无锯齿		
	体积较小，被广泛地应用于网络传输		IE6 不支持 PNG 的透明属性

提示：这 3 种图像格式的图标很直观地表现出各自的特点：JPEG 格式适合存储颜色变化丰富的图像；PNG 格式支持透明；GIF 格式适合存储色彩和形状简单的图形。

1.4 UI 设计中的色彩搭配

配色是一项非常重要的美术素养，需要通过系统的学习和大量的观察练习才能慢慢提升。总体来说，手机 UI 界面设计应遵循以下 4 条配色原则：整体色调要协调统一、配色要有重点色、注意色彩平衡，以及对立色的调和。

1.4.1 色彩的意象

人们看到不同的颜色会产生不同的心理反应，例如看到红色会下意识地心跳加快、血液流速加快，进而从心理上感受到一种兴奋、刺激、热情的感觉，这就是色彩的作用和意象。下面是一些常见颜色的色彩意象。

色系	色彩意象
红色系	热情、张扬、高调、艳丽、侵略、暴力、血腥、警告、禁止 喜庆的色彩，具有刺激效果，容易使人产生冲动
橙色系	明亮、华丽、健康、温暖、辉煌、欢乐、兴奋 视觉冲击力仅次于红色，具有轻快、欢欣、热烈温馨、时尚的效果
黄色系	温暖、亲切、光明、疾病、懦弱、智慧、轻快 亮度最高，个性轻快，给人感觉灿烂辉煌，适用于食品或儿童类 APP
绿色系	希望、生机、成长、环保、健康、嫉妒 常用于表示与财政有关的事物

续表

色系	色彩意象
蓝色系	沉静、辽阔、科学、严谨、冰冷、保守、冷漠、忧郁 常被用于变现科技感和高端严谨的意象
紫色系	高贵、浪漫、华丽、忠诚、神秘、稀有、憋闷、忧郁 常被用于表现和渲染恐怖和末日的意象
粉红色系	柔美、甜蜜、可爱、温馨、娇嫩、青春、明快、恋爱
棕色系	自然、淳朴、舒适、可靠、敦厚、有益健康 但不够鲜明，可以搭配较亮的色彩进行调和
黑色系	稳重、高端、精致、现代感、黑暗、死亡、邪恶 一些大牌网站常用这种颜色以表现企业的高端和产品的质感
白色系	纯洁、天真、和平、洁净、冷淡、贫乏、苍白、空虚 在许多国家代表死亡

 提示：暖色调可呈现温馨、和煦、热情的氛围，冷色调可呈现宁静、清凉、高雅的氛围；对比色调的搭配可以产生强烈的视觉效果，给人亮丽、鲜艳、喜庆的感觉，但若搭配不当则会产生俗气、刺眼的不良效果。

在着手创建自己的 APP 界面时，可以先考虑 APP 的性质、内容和目标受众，考虑自己究竟要表现出怎样的视觉效果，营造出怎样的操作氛围，以此制定出科学合理的配色方案，并严格地按照配色方案来塑造 UI 界面中的每个元素。

1.4.2 色彩的搭配原则

尽管人们可以从网上搜索到大量的所谓配色宝典、配色原理和配色方案之类的资料，然而配色本身无法被量化，也无法在短时间内快速提高，但还是应该遵循一些约定俗成的配色原则。

- **整体色调协调统一**

在着手设计界面之前，应该先确定主色调。主色将会占据页面中很大的面积，其他的辅助性颜色都应该以主色为基准进行搭配。这可以保证整体色调的协调统一，重点突出，使作品更加专业和美观，如图 1-6 所示。

- **有重点色**

配色时，可以选取一种颜色作为整个界面的重点色，这个颜色可以被运用到焦点图、按钮、图标，或者其他相对重要的元素，使之成为整个页面的焦点。

重点色不应用于主色和背景色等面积较大的色块，应用于强调界面中重要元素的小面积零散色块。

- **注意色彩的平衡**

配色的平衡主要是指颜色的强弱、轻重和浓淡的关系。一般来说，同类色彩的搭配方案往往能够很好地实现平衡性和协调性，而高纯度的互补色或对比色，例如红色和绿色很容易带来过度强烈的视觉刺激，使人产生不适的感觉。

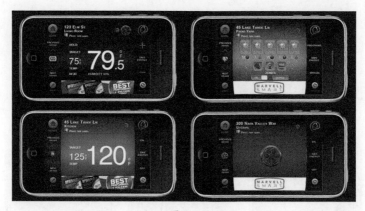

图 1-6

　　另一方面是关于明度的平衡关系。高明度的颜色显得更明亮，可以强化空间感和活跃感；低明度的颜色则会更多的强化稳重低调的感觉，如图 1-7 所示。

图 1-7

- **调和对立色**

　　当包含两个或两个以上的对立色时，页面的整体色调就会失衡，这时就需要对对立色进行调和。通常可以使用以下 3 种方法对对立色进行调和。

  ➢ 调整对立色的面积，使一种颜色成为主色，其他颜色成为辅助色。为了降低辅助色的色感，可能需要适当调整它们的纯度和明度。

  ➢ 添加两种对立色之间的颜色，引导颜色在色相上逐渐过渡。例如要调和红色和黄色，可加入橙色。

  ➢ 加入大量的中性色。黑、白、灰被称为中性色，它们不带有任何正面或负面的感情色彩，用来调和其他有彩色是非常不错的方法。

1.4.3　常见的色彩搭配方法

　　每种色彩在印象空间中都有其独特的位置，因此色彩搭配得到的印象可以用加减法来近似估算。如果每种色彩都是高亮度的，将其叠加就会达到柔和、明亮的效果；如果每种色彩都是浓烈的，叠加得到的效果就是浓烈的，如图 1-8 所示。

界面色彩搭配分析如下。

● 色彩分析

主色	辅色		文本色
（0、0、0）	（255、0、0）	（135、192、0）	（255、255、255）

图 1-8

以黑色作为整个界面主色，表现出高端、精致、稳重的感觉，同时以不同明度的变化，突出界面层次感和主次效果。

红色是最具视觉冲击力的颜色，也是容易使人的兴奋的颜色，将其与黑色搭配能够减弱对人的大脑的刺激，同时弥补黑色带给人的衰弱、恐惧等消极情绪。

将绿色置于黑色的背景中，即使是很小的色块也会显得很引人注目，绿色能够减弱黑色和红色对人大脑的刺激，给人生机勃勃的感觉和安全感。

白色的文本色与黑色的背景色形成鲜明的明度对比，整个页面变得明快、轻盈，突出主要内容，便于人浏览时将内容一目了然。

当不同的色彩搭配在一起时，色相彩度明度作用会使色彩的效果产生变化。两种或者多种浅色搭配在一起不会产生对比效果，同样的，多种深色搭配在一起也不吸引人。但是，当一种浅色和一种深色混合在一起时，浅色就显得更浅，深色显得更深。明度和色相也会产生同样的对比效果，如图1-9所示。

图 1-9

当然在实际设计过程中，设计师还要考虑到乘除法，例如同样亮度和对比度的色彩，在色环上的角度不同，搭配起来就会得到千变万化的感觉。

图 1-10 所示为一些比较常见的配色方案。

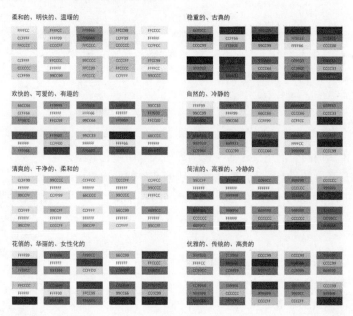

图 1-10

1.4.4　使用 Kuler 配色

Kuler 是 Adobe 公司开发的一款配色软件，既可以下载安装后作为独立的软件运行使用，也可以作为 Photoshop、Illustrator 和 Flash 等其他 Adobe 系列软件的插件使用。图 1-11 所示为在 Photoshop 中打开 Kuler 的效果。

图 1-11

Kuler 界面中包含 3 个面板，"关于"面板主要提供 Kuler 的简介和使用方法；"浏览"面板

提供受欢迎的在线配色方案；"创建"面板允许用户通过多种配色规则自定义配色方案。

在"浏览"面板中选择喜欢的配色方案，或在"创建"面板中自定义配色方案后，可以单击底部的按钮，将这些颜色加入到 Photoshop 的"色板"面板中。

1.5 课堂练习——制作 iOS 锁屏界面

通过以上基础知识的学习，读者对手机 UI 的设计有了一定的了解。接下来通过一个案例演示一个锁屏界面的创作过程。

1.5.1 案例分析

案例特点：本案例制作的是 iOS 数字解锁界面，界面中包含了许多细节，例如图形元素的投影、内阴影以及透明渐变等特殊效果，这些都需要读者对 Photoshop 中图层样式的运用有充分的掌握。

制作思路与要点：本案例的难点就是使用渐变样式实现透明玻璃质感。

渲染风格：	极度逼真
尺寸规格：	640 像素 ×1136 像素
源文件地址：	源文件 \ 第 1 章 \ 案例 1.PSD
视频地址：	视频 \ 第 1 章 \ 案例 1.SWF

● 色彩分析

整个界面并没有使用绚烂华丽的颜色，低调的黑色表现出了庄重的气息，灰色以不同明度的渐变制作出透明玻璃质感，加入少量蓝色，显现出低调、精致的奢华感。

（0、0、0）　　　　（92、93、94）　　　　（85、106、111）

1.5.2 制作步骤

① 执行"文件＞打开"命令，打开素材图像"素材 \ 第 1 章 \001.jpg"，如图 1-12 所示。使用"矩形工具"在画布顶部创建一个黑色的矩形，如图 1-13 所示。继续使用"矩形工具"在画布顶部创建一个白色的矩形，如图 1-14 所示。

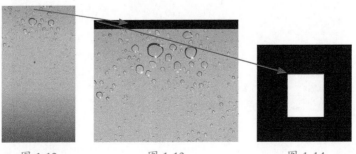

图 1-12　　　　　　图 1-13　　　　　　图 1-14

02 设置"路径操作"为"合并形状",继续在画布中绘制矩形,如图 1-15 所示。使用相同的方法继续绘制矩形,并修改图层"不透明度"为 75%,得到界面信号图标效果,如图 1-16、图 1-17 所示。

图 1-15

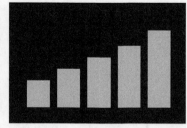

图 1-16

图 1-17

03 打开"字符"面板,设置各项参数值,如图 1-18 所示。使用"横排文字工具"输入相应文字,并修改图层"不透明度"为 80%,如图 1-19 所示。选择"椭圆工具",按下 Shift 键的同时在画布中单击并拖动鼠标,绘制白色正圆,如图 1-20 所示。

图 1-18

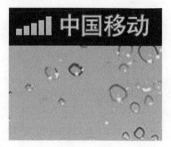

图 1-19

图 1-20

> 提示:创建形状时,按 Shift 键的同时在画布中拖动鼠标,可以以鼠标光标的落点为形状的左上角创建正圆;按 Shift+Alt 组合键的同时拖动鼠标,可以以鼠标光标的落点为形状的中心点创建正圆。

04 选择"矩形工具",设置"路径操作"为"减去顶层形状",在椭圆中绘制,并修改图层"不透明度"为 80%,如图 1-21、图 1-22 所示。选择"椭圆工具",按下 Shift 键的同时在画布中单击并拖动鼠标,绘制白色正圆,如图 1-23 所示。

图 1-21

图 1-22

图 1-23

05 选择"矩形工具",设置"路径操作"为"减去顶层形状",在形状中绘制,如图 1-24 所示。继续设置"路径操作"为"合并形状",在形状中绘制矩形,得到形状相加效果,如图 1-25 所示。

06 使用相同的方法在图像中绘制，并修改图层"不透明度"为80%，图标效果如图1-26所示。使用相同的方法完成相似的制作，将相关图层编组，重命名为"状态栏"，如图1-27所示。

 提示：创建形状时，按Shift键可以以"合并形状"模式绘制形状；按Alt键可以以"减去顶层形状"模式绘制形状，按Shift+Alt组合键可以以"与形状区域相交"模式掌握形状，掌握这些技巧可以提高工作效率。

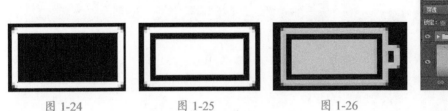

图 1-24　　　　　　图 1-25　　　　　　图 1-26　　　　　　图 1-27

 提示：将图层编组是为了方便整理图层，在进行设计制作时，文件图层较多时，将相关图层分类编组，便于寻找和制作。选择所有相关管图层，按快捷键Ctrl+G即可将相关图层编组。

07 使用"矩形工具"在状态栏下方创建任意颜色的矩形，如图1-28所示。双击该图层缩览图，弹出"图层样式"对话框，选择"描边"选项设置参数值，如图1-29所示。

 提示：双击图层缩览图，或单击"图层"面板底部的"添加图层样式"按钮，在弹出的菜单栏选择想要添加的图层样式，也可以弹出"图层样式"对话框。

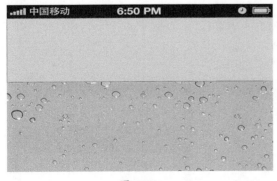

图 1-28　　　　　　　　　　　　　　　图 1-29

08 继续选择"内阴影"选项设置参数值，如图1-30所示。选择"渐变叠加"选项设置参数值，如图1-31所示。

09 选择"投影"选项，设置参数值，如图1-32所示。设置完成后单击"确定"按钮，设置"填充"

为 0%，得到的图像效果如图 1-33 所示。

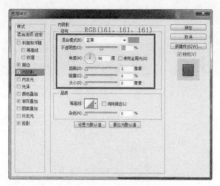
图 1-30

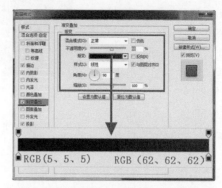
图 1-31

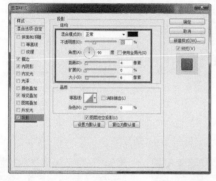
图 1-32

图 1-33

提示："不透明度"用于控制图层、图层组中绘制的图像、形状、像素和图层样式的不透明度，而"填充"则用于控制像素和形状的不透明度，若对图层添加了图层样式，调整该制不会对图层所应用的图层样式有影响。

❿ 打开"字符"面板设置参数值，并使用"横排文字工具"在画布中输入相应的文字，如图 1-34、图 1-35 所示。双击该图层缩览图，弹出"图层样式"对话框，选择"投影"选项设置参数值，如图 1-36 所示。

图 1-34

图 1-35

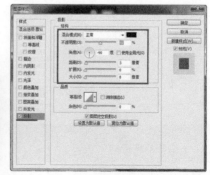
图 1-36

⑪ 设置完成后单击"确定"按钮，得到的图像效果如图 1-37 所示。使用相同的方法在画布底部创建形状并添加图层样式，如图 1-38 所示。

图 1-37

图 1-38

⑫ 使用"直线工具"在矩形上方创建黑色的直线，如图 1-39 所示。打开"图层样式"对话框，在弹出的"图层样式"对话框中选择"描边"选项设置参数，如图 1-40 所示。

⑬ 设置完成后单击"确定"按钮，修改图层的"不透明度"为 60%，得到

图 1-39

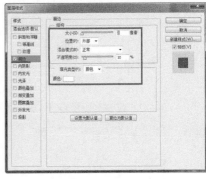

图 1-40

的图像效果如图 1-41 所示，"图层"面板如图 1-42 所示。使用相同的方法完成另一条直线的制作，并将相关图层编组，重命名为"分割线"，如图 1-43 所示。

图 1-41

图 1-42

图 1-43

⑭ 使用相同的方法输入文字并添加图层样式，得到底部按键效果，如图 1-44 所示。

⑮ 使用相同的方法完成其他按键的制作，如图 1-45 所示。使用"矩形工具"创建任意颜色的形状，如图 1-46 所示。

图 1-44

图 1-45

图 1-46

⑯ 打开"图层样式"对话框,弹出"图层样式"对话框,选择"描边"选项设置参数值,如图 1-47 所示。选择"内阴影"选项设置参数值,如图 1-48 所示。

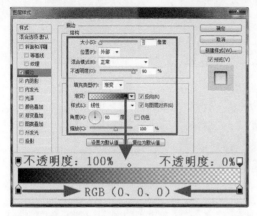

图 1-47

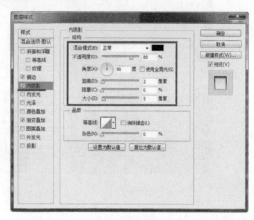

图 1-48

⑰ 选择"渐变叠加"选项设置参数值,如图 1-49 所示。设置完成后单击"确定"按钮,得到的图像效果,如图 1-50 所示。

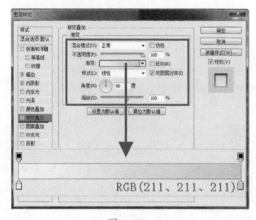

图 1-49

图 1-50

⑱ 反复复制该形状,选择"移动工具",按下 Shift 键的同时拖动该形状,将所有形状拖移至合适的位置,其效果如图 1-51 所示。

图 1-51

⑲ 整理图层,将相关图层编组,"图层"面板如图 1-52 所示。界面的最终效果如图 1-53、图 1-54 所示。

| 图 1-52 | 图 1-53 | 图 1-54 |

1.6 课堂提问

通过前面章节的介绍，大家应该对于手机 UI 设计有了大致的了解。下面解答两个关于手机 UI 的疑问。

1.6.1 问题 1——手机 UI 设计常用软件

比较常用的手机 UI 界面设计软件主要有 Photoshop、Illustrator、Flash 和 3ds MAX 等，这些软件各有优势和特征，可以分别用来创建 UI 界面中的不同部分。此外 Iconcool Studio 和 Image Optimizer 等小软件也可以用来快速创建和优化图像。

- Photoshop

Photoshop 是由 Adobe 公司开发的一款图像处理软件，主要处理由像素构成的数码图像，在市面上非常受欢迎。Photoshop 的软件界面主要由 5 部分组成，分别为工具箱、菜单栏、选项栏、面板和文档窗口，如图 1-55 所示。

当前还没有专业用于界面设计的软件，因此绝大多数设计者使用的都是 Photoshop。

- Illustrator

Illustrator 是 Adobe 公司开发的一款矢量绘图软件，主要应用于印刷出版、矢量插画、多媒体图像处理和网页的制作等。

图 1-55

与 Photoshop 的界面布局方式一样，Illustrator 的界面同样由 5 部分组成——菜单栏、选项栏、工具箱、文档窗口和面板，如图 1-56 所示。

Illustrator 可以绘制出更加细致的矢量图效果，然后输出为手机可以使用的格式。

- 3ds MAX

3ds MAX 使用 Autodesk 公司推出的一款基于 PC 系统的三维动画渲染和制作软件，被广泛应用于广告、影视、工业设计、建筑设计、三维动画、多媒体制作、游戏和辅助教学等领域，图 1-57 所示为 3ds MAX 的操作界面。

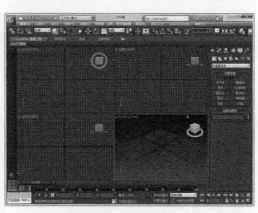

图 1-56   图 1-57

3ds MAX 的制作流程非常简洁、高效，即使是新手也可以很快上手。只要掌握了清晰的操作思路，就可以很容易地建立起一些简单的模型。

若使用其他的二维绘图软件制作一套写实风格的图标可能很麻烦，但如果使用 3ds MAX 很快就可以完成逼真的立体图标。

- Iconcool Studio

Ioncool Studio 是一款非常简单的图标编辑制作软件，里面提供了一些最常用的工具和功能，例如画笔、渐变色、矩形、椭圆和选区创建等。此外它还允许从屏幕中截图以进行进一步的编辑。Iconcool Studio 的功能简单，操作直观简便，对 Photoshop 和 Illustrator 等大型软件不熟悉的用户可以使用这款小软件制作出比较简单的图标。

- Image Optimizer

Image Optimizer 是一款图像压缩软件，可以对 JPG、GIF、PNG、BMP 和 TIFF 等多种格式的图像文件进行压缩。该软件采用一种名为 Magi Compress 的独特压缩技术，能够在不过度降低图像品质的情况下对文件进行压缩，最高可减少 50% 以上的文件大小。

1.6.2 问题 2——手机 UI 设计分类

手机用户界面是用户与手机系统、应用交互的窗口，手机界面的设计必须基于手机设备的物理特性和系统应用的特性进行合理的设计。手机界面设计是个复杂的工程，其中最重要的两点的就是手机操作系统界面设计和手机应用程序界面设计。

- **手机操作系统界面设计**

手机操作系统一般是指智能手机的操作系统，主要完成网络、媒体等功能，一定程度上取代计算机成为网络终端。

手机操作系统界面设计需要从整体风格到细节图标、元素的全面把握，另外还需要掌握一定嵌入方式方面的知识。

- **手机应用程序界面设计**

手机应用作为手机第三方程序，已逐渐把用户带入使用本地客户端上网的时期。手机应用种

类多样，其中一些应用软件功能类似，但都在设计与使用上有所差异，"良好的用户体验"已成为手机 UI 设计竞争的标配。

1.7 课后练习——制作 Android 计算器界面

掌握了本章的学习内容后，可以套用相同的方法完成 Android 计算器界面的绘制，界面的具体制作步骤如图 1-58 所示。

渲染风格：	扁平化
尺寸规格：	768 像素 ×1184 像素
源文件地址：	源文件 \ 第 1 章 \ 案例 2.PSD
视频地址：	视频 \ 第 1 章 \ 案例 2.SWF

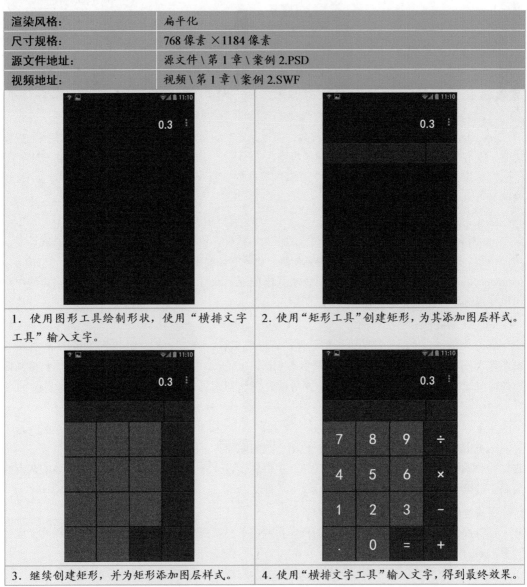

1. 使用图形工具绘制形状，使用"横排文字工具"输入文字。	2. 使用"矩形工具"创建矩形，为其添加图层样式。
3. 继续创建矩形，并为矩形添加图层样式。	4. 使用"横排文字工具"输入文字，得到最终效果。

图 1-58

02

第2章
常见手机系统

本章简介

　　手机操作系统一般应用在高端智能手机上，虽然早期的非智能手机以其强大的抗病毒功能和超低的上网流量受到许多用户的追捧，但智能手机的优越性是非智能手机不能比拟的。

　　目前较为流行的手机操作系统主要有 iOS（苹果）、Android（安卓）、Windows Phone、Symbian（塞班）、BlackBerry OS（黑莓）。

　　本章将会对这些系统进行详细介绍。

学习重点

- iOS 的发展过程
- iOS 的基础 UI 组件
- iOS 开发工具和资源
- iOS 6 与 iOS 7

- Android 的发展过程
- Android APP 设计概述
- Windows Phone 的基础 UI 组件
- Windows Phone 的发展过程

2.1 苹果系统（iOS）

iOS 是由苹果公司开发的手持设备操作系统，最初是 iPhone 手机设计的，后来陆续套用到 iPod Touch 和 iPad 等其他苹果设备上。iOS 系统的界面精致美观，功能稳定强大，深受全球用户的喜爱。

2.1.1 iOS 的发展历程

苹果公司成立于 1976 年，至今已推出过无数广受欢迎的产品，是当之无愧的世界最大 IT 科技企业。苹果公司经历过一系列的变迁，终于在其创始人乔布斯回归两年后的 1988 年恢复盈利。纵观苹果的发展历史，其中 5 个设备的推出对世界产生了重大影响。

下面详细介绍 iOS 系统版本的发展历史。

- iMac

苹果公司于 1988 年推出了 iMac 计算机。

iMac 采用半透明的蓝色塑料制成，蛋形的构造，与有史以来推出的其他计算机有着显著的区别。苹果公司这样解释 iMac 名称的涵义：i 代表 Internet（互联网）和 individual（个人的），这也是它作为个人设备产品的重点所在。在之后的几年中，iMac 凭借独特的设计和易用性几乎连年获奖。图 2-1 所示为最初的 iMac 和如今的 iMac 的外形。

图 2-1

图 2-2 所示为 iMac 的进化史，可以看出苹果一直以来从未停止对细节的苛求。

| 1998 年 | 2000 年 | 2002 年 | 2004 年 | 2005 年 | 2007 年 | 2009 年 | 今天 |

图 2-2

- iPod

第一代 iPod 拥有 5GB 容量，于 2001 年 10 月 23 日推出。这款音乐播放器的推出标志着数字音乐革命的开始。iPod 不仅外观时尚美观，而且拥有人性化的操作方式，为 MP3 播放器带来了全新的思路。此后市场上类似的产品层出不穷，但没有任何一款产品能够掩盖 iPod 的耀目光芒。

至今 iPod 已经拥有 4 款不同的机型，分别为 iPod shuffle、iPod nano、iPod touch 和 iPod classic，如图 2-3 所示。

iPod nano

iPod shuffle

iPod touch

iPod classic

图 2-3

- MacBook

MacBook 于 2006 年 5 月 16 日推出，是苹果第一款使用镜面屏幕的笔记本电脑，也是苹果第一款搭载 Intel Core Duo 处理器的平价版笔记本电脑。MacBook 的外观保留了其前身 iBook G4 的设计，有黑白两色可选。

该产品在 2008 年上半年成为了美国唯一畅销的笔记本，成功帮助苹果公司抵住了当年的经济衰退。图 2-4 所示为最新款的 MacBook。

图 2-4

- iPhone

乔布斯于 2007 年 1 月 9 日宣布推出 iPhone，于同年 6 月 29 日在美国开始销售，iPhone 开创了移动设备软件尖端功能的新纪元，重新定义了移动电话的功能。图 2-5 所示为 iPoene5S 和 iPhone6 手机的外观。

- iPad

苹果公司于 2010 年 1 月 27 日宣布推出平板电脑 iPad，该设备在上市的第一天就售出了 30 万台。这款设备的定位介于智能手机 iPhone 和笔记本电脑之间，与 iPhone 布局一样，提供浏览互联网、收发电子邮件、浏览电子书、播放音频视频和游戏功能。

iPad 由于不再局限于键盘和鼠标的固定输入方式，无论是站立还是在移动中都可以进行操作，能够带给用户酣畅淋漓的操作体验。图 2-6 所示为不同版本 iPad 的外观。

图 2-5

图 2-6

2.1.2 iOS 的基础 UI 组件

iOS 系统的界面由大量的组件构成，只要掌握了不同组件的特征和制作方法，就可以非常容易地制作出完整的页面，标准的 iOS 7 系统界面的组件主要包括以下内容。

① 栏
- 状态栏
- 导航栏
- 工具栏
- Tab 栏

② 内容视图
- 浮出层（仅限 iPad）
- 分栏视图（仅限 iPad）
- 表格视图
- 文本视图
- Web 视图

③ 警告框　　④ 操作列表　　⑤ 模态视图　　⑥ 登录图片

⑦ 控件

活动指示器	网络活动指示器	搜索栏
日期和时间拾取器	页码指示器	分段控件
详情展开按钮	拾取器	滚动条
信息按钮	进度指示器	切换器
标签	范围栏	文本框

2.1.3 iOS 的开发工具和资源

使用各种平面设计软件临摹一款 iOS 界面或许是非常容易的事，尤其是采用了半扁平化风格的 iOS 7 界面。但要作为一名程序员，真正开发一套完整可用的 APP 界面，却是一项复杂的工作。选择通用的基础性开发工具和资源能够有效地帮助程序员完成 iOS 的开发和搭建。下面是一些必备的 iOS 开发工具与资源。

- Omnigraffle + Ultimate iPhone Stencil

Omnigraffle 是一款强大的苹果 UI 设计软件，只能于运行在 Mac OS X 和 iPad 平台之上。该软件曾获得 2002 年的苹果设计奖。用户可以下载 Ultimate iPhone Stencil，然后使用 Omnigraffle 来快速制作 APP 的演示界面，如图 2-7 所示。

- teehan + lax

teehan+lax 是一家加拿大多伦多的代理商，他们经常发布一些自己内部用的资源。例如，一些 PSD 资源文件包括 UI 界面的视图控制和一些常见的组件，如图 2-8、图 2-9 所示。用户可以免费下载这些源文件。

图 2-7   图 2-8

图 2-9

- Stanford University iPhone Development Lectures

斯坦福大学的 iPhone 开发教程可谓是 iOS 开发的顶级教程，用户可以从 iTunes U 下载并学习。在国内的大型门户网站（例如网易公开课）可以找到这些教程的中文字幕版，如图 2-10 所示。

图 2-10

- Stack Overflow

Stack Overflow 是个类似于百度知道的网站，对于 iOS 开发程序员来说，这里是最佳的提出

问题的地方。随便上去翻一翻，也能找到一大堆已经有人提问并得到解决的问题。通过问题来加深认识，是进阶的必经之路。与一些比较基础的国内技术问题相比较，Stake Overflow 毫无疑问更专业，如图 2-11 所示。

图 2-11

- APPle Documentation

APPle Documentation 是苹果的官方文档，其中包含各种示例代码、视频，以及各种类型的参考文档，是开发 iOS APP 的必备法宝，如图 2-12 所示。

图 2-12

- Xcode

Xcode 是苹果公司的开发工具套件，主要用于开发 iOS 应用，需要在 Mac OS X 平台上运行。这个套件的核心是 Xcode 应用本身，它提供了基本的源代码开发环境，支持项目管理、编辑代码、构建可执行程序、代码级调试、代码的版本管理和性能调优等功能。图 2-13 所示为 Xcode 的操作界面。

图 2-13

- Interface Builder

Interface Builder 是一款 iOS 界面"组装"软件，用户可以将软件提供的各种组件直接拖曳到程序窗口中进行"组装"，以快速制作出完整的页面。组件中包含大量的标准 iOS 控件，如各类开关、按钮、文本框和拾取器等。图 2-14 所示为 Interface Builder 的界面。

图 2-14

2.1.4　iOS 界面风格

自 2013 年 6 月 iOS 7 发布以来，这款令众人始料未及的系统就一直处于舆论的焦点。有人对它青睐有加，认为这种极其简洁的设计风格更加实用；也有人对此诟病不断，觉得这些花花绿绿的图标和纯白的背景实在没有一点美感。下面介绍 iOS 都发生了哪些变化。

- **扁平化**

iOS 强调"避免仿真和拟物化的视觉指引形式"，去掉一切不必要的元素和修饰。图 2-15 所示分别为 iOS 6 和 iOS 7 的指南针界面，可以非常明显地看出二者风格的差异。

（a）iOS 6　　　　　（b）iOS 7

图 2-15

- **边框和背景**

iOS 7 完全舍弃了边框，只保留最简单的文字和图形。背景全部采用纯白色，主要依靠色块

来体现交互和信息的分隔，按钮中的标题文字可以使用相对大一些的字体，图 2-16 所示分别为 iOS 6 和 iOS 7 的地图搜索界面搜索栏。

- **半透明化**

iOS 7 最重要的设计变化之一就是在界面中引入了透明与半透明化。iOS 7 的状态栏能够根据情况以完全透明或半透明的形式呈现，导航栏、标签栏、工具栏和其他一些控件也采用了半透明化的处理方式。当从界面上方或下方拉出快捷菜单和通知栏时，还可以透过毛玻璃质感的菜单背景隐约看到下方的界面内容。图 2-17 所示分别为 iOS 6 和 iOS 7 的锁屏界面。

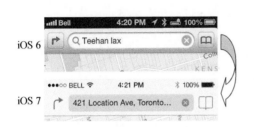

图 2-16

图 2-17

- **留白**

iOS 7 的界面则去除了一切非必要的装饰性元素，同时也对配色和图形做了大幅简化，在界面中保留了大量的留白来确保可读性和易用性。图 2-18 所示分别为 iOS 6 和 iOS 7 的计算器界面。

- **主屏幕**

目前，iOS 7 的主屏幕是争议最多之处，特别是新图标的风格，与之前的 iOS 6 有很大的区别。总体来说，iOS 7 主界面的图标尺寸更大，颜色更加明亮鲜艳，图标的文字也变大了。图 2-19 所示分别为 iOS 6 和 iOS 7 的主屏幕。

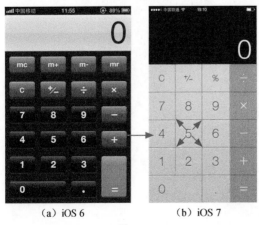

(a) iOS 6　　　　(b) iOS 7

(a) iOS 6　　　　(b) iOS 7

图 2-18

图 2-19

2.2 安卓系统（Android）

Android 公司于 2003 年在美国加利福尼亚州成立，2005 年被 Google 公司收购。

Android 是一种以 Linux 为基础的开放源码操作系统，主要应用于手持设备。2010 年末仅正式推出两年的操作系统 Android 已经超越了塞班系统，一跃成为全球最受欢迎的智能手机操作系统。

2.2.1 Android 的发展历程

Android 系统大多用甜点为系统的各个版本进行命名，从 Andoird 1.5 发布开始，作为每个版本代表的甜点尺寸越变越大，并按照 26 个字母进行排序，例如纸杯蛋糕（Cupcake）、甜甜圈（Donut）、松饼（Eclair）、冻酸奶（Froyo）、姜饼（Gingerbread）等。下面对 Android 系统的发展历史做简单的介绍。

- Android 1.0

发布时间	标志	功能
2008 年 9 月	无	➤ 内建 Google 移动服务（GMS）。 ➤ 支持完整 HTML、XHTML 网页浏览，支持浏览器多页面浏览。 ➤ 内置 Android Market 软件市场，支持 APP 下载和升级。 ➤ 支持多任务处理、Wi-Fi、蓝牙、及时通信。

- Android 1.5　Cupcake（纸杯蛋糕）

发布时间	标志	改进功能
2009 年 4 月		➤ 摄像头的开启和拍照速度更快。 ➤ GPS 定位速度大幅提升。 ➤ 支持触屏虚拟键盘输入。 ➤ 可以直接上传视频和图像到网站。

- Android 1.6　Donut（甜甜圈）

发布时间	标志	改进功能
2009 年 9 月		➤ 支持快速搜索和语音搜索。 ➤ 增加了程序耗电指示。 ➤ 在照相机、摄像机、相册、视频界面下各功能可以快速切换进入。 ➤ 支持 CDMA 网络、支持多种语言。

● Android 2.0\2.1　Eclair（松饼）

发布时间	标志	改进功能
2009 年 10 月		➢ 支持添加多个邮箱账号，支持多账号联系人同步。 ➢ 支持微软 Exchange 邮箱账号。 ➢ 浏览器采用新的 UI 设计，支持 HTML5 标准。 ➢ 更多的桌面小部件。

● Android 2.2　Froyo（冻酸奶）

发布时间	标志	改进功能
2010 年 5 月		➢ 新增帮助提示功能的桌面插件。 ➢ Exchange 账号支持得到提升。 ➢ 增加热点分享功能。 ➢ 键盘语言更加丰富。 ➢ 支持 Adobe Flash 10.1。

● Android 2.3　Gingerbread（姜饼）

发布时间	标志	改进功能
2010 年 12 月		➢ 用户界面优化，运行效果更加流畅。 ➢ 新的虚拟键盘设计，文本输入效率提升。 ➢ 文本选择、复制、粘贴操作得到简化。 ➢ 支持 NFC（近场通信）功能。 ➢ 支持网络电话。

● Android 3.0　Honeycomb（蜂巢）

发布时间	标志	改进功能
2010 年 12 月		➢ 用户界面优化，运行效果更加流畅。 ➢ 新的虚拟键盘设计，文本输入效率有了很大的提升。 ➢ 文本选择、复制、粘贴操作得到简化。 ➢ 支持 NFC 近场通信功能。

● Android 4.0 iceCream Sandwich（冰激凌三明治）

发布时间	标志	改进功能
2011 年 10 月		➢ Android 4.0 只提供一个版本，同时支持智能手机、平板电脑、电视等设备。 ➢ 拥有一流的新 UI。 ➢ 基于 Linux 内核 3.0 设计。 ➢ 用户可通过 Android Market 购买音乐。 ➢ 运行速度比 Android 3.1 提升达 1.8 倍。 ➢ 支持现有的智能手机。

2.2.2 Android 的基础 UI 组件

和 iOS 系统一样，Android 系统也有一套完整的 UI 界面基本组件。在创建自己的 APP，或者将应用于其他平台的 APP 移植到 Android 平台时，应记住将 Android 系统风格的按钮或图标换上，以创建协调统一的用户体验。图 2-20 所示为 Android 系统部分组件的效果。

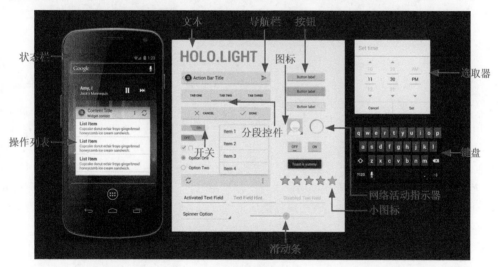

图 2-20

 提示：Android 系统界面分为白色和黑色两种，为了方便读者更清晰地观察 UI 组件的原貌，这里使用白色进行展示。

2.2.3 关于深度定制系统

从 Android 1.0 发布至今，Android 系统正在逐步走向成熟，有越来越多的厂商加入到 Android 阵营，让更多的人体验到了智能手机的强大功能。但也正因如此，导致手机界面的同质化现象异

常严重。放眼望去，许多人的手机界面都是相同的，这会使人们产生审美疲劳。

为了能够为用户打造不同的使用体验，一些厂商开始对 Android 系统进行深度的定制，力求在保持 Android 系统原有特色和优势的前提下，开发出更有新意和特点的系统界面，其中比较成功的有 MIUI、OPPO、华为 Emotion UI 和乐 OS 等。

- 小米 MIUI（米柚）

自从 2010 年 8 月首个内测版发布至今，MIUI 已经拥有超过 600 万的用户。在 2012 年 8 月的小米新品发布会上，雷军宣布正式将小米手机的操作系统命名为"米柚"，如图 2-21 所示。

图 2-21

MIUI 系统是基于 Android4.0 深度定制的，它比原生的 Android 系统更精致美观，并且考虑到了国人的操作习惯进行深度优化。MIUI 系统拥有大量的主题资源，用户可以根据自己的喜好下载使用。

- 华为 Emotion UI

2012 年 7 月 30 日，华为正式发布了自己的定制系统 Emotion UI，如图 2-22 所示。Emotion UI 是基于 Android4.0 深度开发和定制的，主打"简单易用、功能强大、情感喜爱"，号称是最具情感的人性化系统。Emotion UI 允许用户打造属于自己的个性化主题，还内置了中文语音助手和 Message+ 等服务。

图 2-22

- **OPPO 深度定制系统**

OPPO 于 2012 年推出了一款超薄手机 OPPO finder，并对操作系统进行了深度美化。OPPO 定制系统的界面简洁美观，与其手机的时尚风格十分搭配。

新版本的系统新增了人脸识别、视频悬浮窗口等功能，并对相机和相册界面做出了全新的优化，整体界面风格更加时尚、美观，为用户带来流畅的操作体验，如图 2-23 所示。

图 2-23

- **联想乐 OS**

联想乐 OS 系统的解锁界面采用独特的四叶草布局方式，将通话、短信、聊天和邮件等常用功能整合在一起，方便用户操作。乐 OS 的界面简洁美观，运行流畅，拥有多任务处理、便捷无线 AP 应用和商务邮件推送等功能，并整合了很多的自家应用程序，为用户考虑得十分周全，如图 2-24 所示。

图 2-24

2.2.4 Android APP 设计概述

Android 的所有应用界面中存放着所有已安装到该设备上的 APP，用户可以根据需要将常用的 APP 加入到主界面或"我的最爱"中。另外，用户还能通过最近的应用界面快速切换同时打开的多个任务，并从通知抽屉中及时获得一些信息。

● **主界面**

主界面是一个可以定制收藏 APP、文件夹和小工具的地方。用户可以通过横向滑动屏幕来导航不同的页面，如图 2-25 所示。

无论处于哪个页面，在主页面底部始终有一栏"我的最爱"，用户可以将比较常用的 APP 和文件夹放到这里，以便能够快速启动。

我的最爱

图 2-25

● **所有应用**

用户可以单击屏幕下方"我的最爱"栏中的█图标打开所有应用界面。应用界面中存放着设备中安装的全部 APP 应用程序，如图 2-26 所示。用户随意拖曳 APP 或小工具图标，到达主界面中的任意面板空白位置放下，即可将其添加到主界面中。

● **最近应用**

用户可以单击屏幕下方的█图标打开最近的应用界面。这里提供了一个在最近使用的 APP 之间进行切换的快捷方式，为同时进行的多个任务提供了一个清晰的导航路径，用户只需单击相应的界面，即可快速将其打开，也可以在全部应用界面中单击"小部件"，打开所有的小部件，并可以像拖曳 APP 一样将它们加入主界面中，如图 2-27 所示。

图 2-26   图 2-27

提示：用户也可以在全部应用界面中单击"小部件"，打开所有的小部件，并可以像拖曳 APP 一样将它们加入主界面中。

- **UI 栏**

UI 栏是用于显示通知、设备状态和导航的区域，主要分为 3 种：状态栏、导航栏和系统栏。UI 栏会根据需要进行隐藏和显示，如果需要全屏查看图片、观看视频，或者玩游戏，可以暂时隐藏 UI 栏。

➢ 状态栏

状态栏位于手机界面的上方，左侧显示等待通知，右侧显示时间、电池电量和信号强度等图标。向下划动状态栏可以查看通知详情。

➢ 导航栏

导航栏是 Android 4.0 的新特性，只在没有实体键盘的设备上显示。导航栏中包含 3 个按钮，左侧是返回，中间为主界面，右侧为最近任务。

➢ 系统栏

系统栏仅在平板电脑中显示，包含了状态栏和导航栏中的元素。

- **通知抽屉**

用户可以在任何时候从通知抽屉中获取一些简短的信息，这里提供了软件更新、提醒和一些未重要到需要打断用户的信息。用户可以向下划动状态栏打开通知抽屉，单击其中一个通知即可打开相应的 APP 查看详情，如图 2-28 所示。

- **通用的应用**

通常来说，一个典型的应用程序界面中包含操作栏和内容区域两部分内容。具体可细分为主操作栏、视图控制、内容区域和次操作栏 4 部分。

图 2-28

➢ 主操作栏

主操作栏中包含了导航 APP 层级和视图元素的操作，是应用程序的命令和控制中心。

> 视图控制

视图中包含了内容的不同组织方式和功能，方便用户根据需要进行切换。

> 内容区域

这里是显示内容的区域。

> 次操作栏

次操作栏可以在主操作栏或界面下方，主要提供一些主操作栏中没有的次要功能。

2.3 〉Windows Phone 系统

Windows Phone 具有桌面定制、图标拖曳和滑动控制等一系列流畅的操作体验，主屏幕采用了类似于仪表盘的布局方式，来显示新邮件、短消息和未接来电等提示信息。此外还包括一个增强的触摸屏界面，使操作更加便利，如图 2-29 所示。

图 2-29

2.3.1 Windows Phone 的发展历程

Windows Phone 是微软发布的一款手机操作系统，它将微软旗下的游戏、音乐与独特的视频体验整合到手机中。以下是 Windows Phone 的发展简史。

- 2010 年 10 月 11 日，微软公司正式发布了智能手机操作系统 Windows Phone。
- 2011 年 2 月，诺基亚与微软达成全球战略同盟，并深度合作共同研发。
- 2012 年 3 月 21 日，Windows Phone 7.5 登陆中国。
- 2013 年 6 月 21 日，微软正式发布了最新版 Windows Phone 8 操作系统。

提示：Windows Phone 借鉴了 iPhone 的操作方式，从专门为 Windows Phone 8 设计的硬件上移除了返回按钮。

2.3.2　Windows Phone 特色

Windows Phone 引入了一种新的界面设计语言——Metro（美俏），这同时也是 Windows8 操作系统的显示风格。Metro 界面强调使用简洁的图形、配色和文字描述功能，使用极具动态性的动画增强用户体验。以下是 Windows Phone 的特色。

- 动态磁贴

动态磁贴是出现在 Windows Phone 中的一个新概念，是微软的 Metro 概念。Metro 是长方形的功能界面组合方块，用户可以轻轻滑动这些方块不断地向下查看不同的功能，这是 Windows Phone 的招牌设计。

Windows Phone 的 Metro UI 界面与 iOS 和 Android 界面的最大区别在于：后两者以应用图标为主要呈现对象，而 Metro 强调的是信息本身，而不是装饰性的元素，显示一个界面元素主要是为了提示用户"这里有更多的信息"，图 2-30 所示为 Windows Phone 的主屏幕效果。

- 中文输入法

Windows Phone 的中文输入法继承了英文版软键盘的自适应能力，可以根据用户的输入习惯自动调整触摸识别位置。如果用户打字位置总是偏左，所有键的实际触摸位置就会稍微往左挪一些，反之亦然。

再者，Windows Phone 的自带词库非常丰富，各种网络流行词和方言化词汇应有尽有。更值得一提的是，在系统自带的中文输入法

图 2-30

中，用户不需要输入任何东西就可以选择"好""嗯""你""我""在"等常用词汇。

最后，Windows Phone 的输入法包括全键盘、九宫格、手写等三种模式供选择，支持五笔输入法。

Windows Phone 中使用了一种称为 Metro 的设计语言，并将微软以及其他第三方的软件集成到了操作系统中，以严格控制运行它的硬件。

- 人脉

Windows Phone 的通讯录叫作"人脉"，功能也比其他的通讯录更加强大，不仅自带各种社交更新，还能实现云端同步。

此外，该功能在人性化方面也值得一提。例如自带的 Family（家人）分组，默认是空白的，系统会自动选择联系人中与用户同姓的，建议添加到该组。

- 同步管理

Windows Phone 的文件管理方式类似于 iOS，通过一款名为 Zune 的软件进行同步管理。用户可以通过 Zune 为手机安装最新的版本，下载应用和游戏，或者在计算机和手机之间同步音乐、图片和视频等数据，如图 2-31 所示。

- 语言支持

2010 年 2 月发布时，Windows Phone 只支持五种语言——英语、法语、意大利语、德语和西班牙语，现在已经支持 125 种语言的更新。

此外，Windows Phone 的应用商店在 200 个国家及地区允许购买和销售 APP，包括澳大利亚、奥地利、比利时、加拿大、法国、德国、印度、爱尔兰、意大利、瑞士、英国、美国以及我国香港地区等。

图 2-31

提示：最新版本的 Windows Phone 8 还增加了儿童模式，家长可根据儿童的需要划定一个包含固定内容的区域，防止儿童看到不良信息或误发社交信息。

2.4 其他系统

除了以上 3 种较为常见的手持设备操作系统之外，市面上还有其他的操作系统，例如以安全性著称的黑莓，以及曾经的智能手机操作系统之王——塞班。下面分别对这两种操作系统进行简单的介绍。

2.4.1 黑莓系统

黑莓系统是由加拿大 RIM 公司推出的一套无线手持邮件解决终端设备的操作系统，有着强大的加密性能，所以安全性很高。一套完整的黑莓系统包含服务器（邮件设定）、软件（操作接口）以及终端（手机）3 大部分。

黑莓的实时电子邮件服务基于双向寻呼技术，手机设备与 RIM 公司的服务器相结合，依赖于特定的服务器软件和终端，实现了随时随地发电子邮件的梦想。黑莓系统的界面非常朴素，不以花哨的图片和炫目的色彩夺人耳目，如图 2-32 所示。

黑莓一直都具有很好的开发性，所有的功能和选项都有快捷按键，运行非常稳定流畅。此外，黑莓系统的自由度相当高，很多功能都可以自定义，对于手机达人和 DIY 爱好者来说非常适合。

黑莓系统的主要特征多为专业人士和商务人士设计，它的强大的邮件收发功能做到了极高的安全性，并且早已成功登陆中国，但大多数用户都不愿意为了一个邮件功能而支付最低 139 元的包月费。

图 2-32

2.4.2　塞班系统

塞班系统是塞班公司专为手机而设计的操作系统，该公司于 2008 年 12 月被诺基亚收购。塞班是一个实时性、多任务的纯 16 位操作系统，具有低功耗、内存占用小等优势，非常适合手机等内存较小的移动设备使用。

塞班系统最大的特点是它本身就是一个标准的开放化平台，任何人都可以为该系统开发应用软件。其操作系统内核与用户图形界面分离，使开发人员可以为自己开发的应用软件定制新的操作界面。在 iOS 系统未崛起之前，塞班绝对是智能手机操作平台的老大，图 2-33 所示为塞班系统的界面。

由于缺乏对新兴社交网络和 Web2.0 的支持，塞班系统的市场份额自 2006 年就开始不断下滑。至 2009 年底，摩托罗拉、三星、LG 和索爱等厂商纷纷终止研发塞班平台，转而投入 Android 领域。2011 年初，诺基亚宣布与微软建立战略联盟，进行 Windows Phone 的研发。2013 年 1 月 24 日，诺基亚宣布 808 PureView 将是最后一款塞班手机。2013 年 10 月 8 日，诺基亚宣布应用商店将不再接受塞班系统的新应用和应用更新。至此，年迈的塞班终于宣告结束。

图 2-33

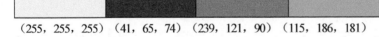
2.5 课堂练习——制作 WP 系统时间设置界面

通过对以上基础知识的学习与了解，大家对一些流行的手机系统有了进一步的认识与了解，接下来制作一个简单的扁平化风格界面。

2.5.1 案例分析

案例特点：本案例制作的是一个简单的扁平化风格 UI 界面，该界面可能在操作技巧上没有任何难度，但从设计角度来看，界面集简单、大方、整洁于一体。

制作思路与要点：本案例界面元素只有一些简单的文字与图形，在制作上没有太大难度，图形元素的整体对齐是影响界面美观的重要因素。

渲染风格：	扁平化
尺寸规格：	480 像素 ×800 像素
源文件地址：	源文件 \ 第 2 章 \ 案例 3.PSD
视频地址：	视频 \ 第 2 章 \ 案例 3.SWF

● 色彩分析

白色背景使整个界面看起来明快，深绿色的椭圆使页面稳重，浅蓝色和橘黄色丰富整个界面色彩效果，营造出欢快、活跃的气氛。

(255，255，255) (41，65，74) (239，121，90) (115，186，181)

2.5.2 案例分析

01 执行"文件 > 新建"命令，弹出"新建"对话框，新建一个空白文档，如图 2-34 所示。打开"字符"面板，设置各项参数值，如图 2-35 所示。文字颜色为 RGB（41，65，74）。

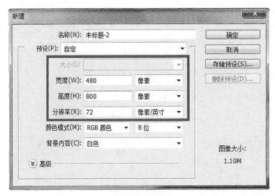

图 2-34   图 2-35

02 使用"横排文字工具"在画布中输入文字，如图 2-36 所示。选择"椭圆工具"，设置"填充"为 RGB（41，65，74），按 Shift 键的同时在画布中单击并拖动鼠标，绘制正圆，如图 2-37 所示。

图 2-36   图 2-37

提示：手机 UI 设计与网页 UI 设计一样，都是十分精密的工作，除了对图形元素的大小尺寸有严格的要求外，对其界面布局也是十分重要的。

本案例在制作到该步骤时，文字和椭圆形状都是水平居中于界面背景的，若手动居中会比较麻烦或不够精确，这时可以同时选中三个图层，然后选择"移动工具"，在选项栏就会显示对齐控件，单击"水平居中对齐"按钮，即可准确地将文字和椭圆水平居中于背景。

03 复制该形状，按快捷键 Ctrl+T 显示变换控件，按 Shift+Alt 组合键的同时拖动变换框等比例缩放形状，如图 2-38 所示。按 Enter 键确定变换，设置复制形状"填充"为 RGB（115，186，181），如图 2-39 所示。使用"路径选择工具"单击并拖动该路径，如图 2-40 所示。

图 2-38   图 2-39   图 2-40

04 设置"路径操作"为"减去顶层形状"，适当缩放形状路径，图像效果如图 2-41 所示。选择"钢笔工具"，设置"路径操作"为"减去顶层形状"，在图形中绘制，如图 2-42 所示。继续设置"路径操作"为"合并形状组件"，如图 2-43 所示。

图 2-41   图 2-42   图 2-43

05 使用相同的方法完成相似的制作，如图 2-44 所示。继续使用相同的方法完成相似的制作，如图 2-45 所示。

图 2-44

图 2-45

06 使用"椭圆工具"创建白色正圆,如图 2-46 所示。设置"路径操作"为"减去顶层形状",在椭圆中心绘制,如图 2-47 所示。设置"路径操作"为"合并形状",在椭圆中心绘制,如图 2-48 所示。

图 2-46

图 2-47

图 2-48

07 选择"直线工具",设置"路径操作"为"合并形状","粗细"为 2 像素,在形状中绘制,如图 2-49 所示。使用相同的方法完成整个小图标的制作,如图 2-50 所示。使用相同的方法完成整个界面的制作,界面的最终效果如图 2-51 所示。

图 2-49

图 2-50

图 2-51

2.6 课堂提问

　　本章为读者讲解了几种常见的手机系统基本知识,大家通过学习应该清楚地了解了这些常见手机系统的作用和特点,接下来继续介绍 Windows Phone 的相关知识。

2.6.1 问题 1——Windows Phone 界面设计框架

Windows Phone 的用户界面框架为开发者和设计师提供了标准的系统组件、事件以及交互方式，帮助他们为用户创建出更精彩易用的 APP。下面逐一介绍用户框架细节的设计方式。

- **页面标题**

尽管页面标题不是一个交互性的控件，但仍然有特定的设计规范。页面标题主要是用来清晰地显示页面内容的信息，出现在 Windows Phone 开发工具的默认范式库里，而且是可选的。如果选择显示标题，那么应该在程序的每个页面中都保留相同的标题位置，这可以保持用户体验的一致性。

- **进度指示器**

进度指示器显示了程序内正在进行的与某一动作或事件相关的执行情况，它被整合进状态栏，可以在程序的任何页面显示，其显示的进度状态包括确定和不确定两种。确定的进度有起点和终点，不确定的进度会一直持续到任务结束，如图 2-52 所示。

图 2-52

- **滚动指示器**

当页面中的内容超出屏幕的可视区域后，就需要用到滚动滑块来滚动页面。滚动指示器有个重要的作用——提示用户页面的大致长度。此外，滑块也能起到提示当前区域在整体页面中位置的作用。纵向或横向滚动屏幕时，分别在屏幕的右边缘和下边缘出现滑块。

- **主题**

主题是由用户选择的背景和色调，以使手机界面更加个性化。主题只涉及颜色变化，界面中的字体和控件等元素并不会随之发生改变。默认的 Windows Phone 系统包括两种背景色，一黑一白，以及 10 种不同的彩色，如图 2-53 所示。

图 2-53

2.6.2 问题 2——Windows Phone 应用商店的作用

用户可以从手机或通过 Web 在 Windows Phone 应用商店中下载应用。Windows Phone Store 中的"游戏"中心集成了 Xbox Live 的服务，并能够将用户的虚拟人偶以 3D 的方式呈现出来。通过"游戏"中心，用户能够和自己的虚拟人偶交互，查询游戏成绩和排行榜，传送信息给 Xbox Live 的朋友。以及查看焦点（最新消息、游戏发布）。

在手机应用商店 Store 里选择下载某款应用之后，系统将立即返回到应用列表界面，并显示

图标与下载进度。下载和安装各占一半。微软应用商店中还会为 Windows Phone 系统手机的用户提供一些手机厂商独占的应用，这些是其他品牌手机无法体验到的。

2.7 课后练习——制作 WP 通知界面

掌握了本章的内容后，同学们可在课下的时间完成一个简单的 WP 通知界面的绘制，界面的具体制作步骤如图 2-54 所示。

渲染风格：	扁平化
尺寸规格：	480 像素 ×800 像素
源文件地址：	源文件\第 2 章\案例 4.PSD
视频地址：	视频\第 2 章\案例 4.SWF

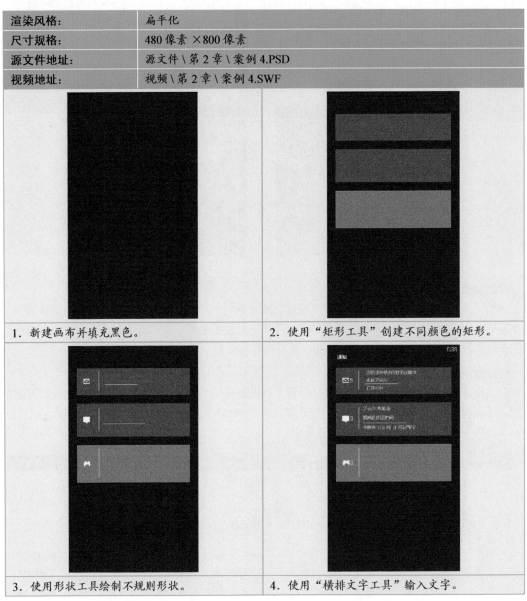

图 2-54

03

第3章
手机 UI 设计风格与规范

本章简介

　　不同手机系统的界面从基本框架到界面风格都不同。为了适应不同用户群的操作习惯，通常在设计手机软件界面时除了要考虑系统本身的设计风格外，还要对用户所使用的操作系统有所考虑。这样设计出来的作品既具有漂亮的外观，同时又方便用户快速上手。本章将针对 iOS 系统和 Android 系统的设计风格和设计规范进行学习，并通过一个较全面的案例讲解在 iOS 系统设计软件界面的要点。

学习重点

- iOS 系统的基本图形
- iOS 中图形和线条的使用
- iOS 界面设计规范
- Android 的界面设计风格
- Android 的界面设计规范

3.1 iOS 系统的基本图形

一个看起来不美观的应用程序，通常很难引起用户的点击和继续探索的欲望。无论设计的应用程序多么完美，都需要一个能吸引用户的外表，在表达程序功能的前提下吸引用户点击访问。这也是一个应用程序成功的先决条件。

用户应用界面是由图形构成的，而图形的使用和布局，决定了程序是否美观。接下来介绍 iOS 系统中的基本图形，这些元素是构造优秀用户界面的基本组成部分。

3.1.1 线条的使用

在界面制作中使用线条可以使用直线做列表分隔线，使用直线将多个选项上下分隔开来，既保持了页面的整洁度，又可以使用户能够方便、简洁、快速地浏览选项，如图 3-1 所示。直线在图标中也经常使用，以起到装饰性作用。

图 3-1

3.1.2 丰富的图形

iOS APP 中，不管是图标还是界面的制作，都会有许多或复杂或简单的图形，因此必须对图形的绘制有所掌握。

iOS APP 中最常使用的图形有矩形、圆角矩形、圆形以及其他一些通过简单的图形的加减法运算拼凑而成的、不规则的形状。

- **矩形**

矩形在界面中的运用是最常见也是最不可缺少的。矩形通常作为背景出现，将一些琐碎而又零散的小元素浮动于上方，使整个界面看起来更整齐，如图 3-2 所示。

图 3-2

- **圆角矩形**

圆角矩形对于所有智能手机用户来说应该是最熟悉的，最典型的案例就是几乎所有的触屏手机中，都会有圆角矩形的模拟按键和按钮，如图 3-3 所示。另外在 iOS 原装系统中，所有图标都是有圆角矩形的背景。

图 3-3

- 圆形

圆形也是 iOS APP 中经常使用的图形，由圆形延伸而来的还有正圆、椭圆和圆环。圆环在界面的使用中较少，通常会在图标的制作中作为装饰性元素或在暗喻的物体中需要时出现，如图 3-4 所示。

图 3-4

- 其他形状

iOS APP 图形元素中还有一些其他不规则的形状，因为有些事物不管在图标还是在界面的制作中，无法使用简单的形状就能表达的，如图 3-5 所示。

图 3-5

3.2 iOS 系统界面设计规范

iOS 用户已经对内置应用的外观和行为非常熟悉，所以用户会期待下载来的应用程序能带来相似的体验。设计师在设计程序时要充分理解内置程序的每一个细节，并将内容应用到设计中去。

首先了解 iOS 设备以及运行于该设备上的程序所具有的特性并注意以下几点。

- 可以点击的控件

按钮、挑选器、滚动条等控件采用轮廓和亮度渐变，这都是欢迎用户点击的邀请。

- 程序的框架应该简明、易于导航

iOS 为浏览层级内容提供了导航栏，如图 3-6 所示。为展示不同组的内容或功能提供了 tab 页标签，如图 3-7 所示。

- 反馈应该是微妙且清晰的

iOS 应用使用精确流畅的运动来反馈用户的操作，还可以使用进度条、活动指示器（activity indicator）来指示状态，使用警告给用户以提醒、呈现关键信息。

图 3-6

图 3-7

3.2.1　确保设计的通用性

由于 iOS 系统是同时应用到 iPad 和 iPhone 上的。所以在设计程序时，要确保该设计方案可以适用两种设备。在制作时应注意以下几点。

- **为设备量身定做程序界面**

大多数界面元素在两种设备上通用，但通常布局会有很大差异。

- **根据屏幕尺寸调整图片**

用户期待在 iPad 上见到比 iPhone 上更加精致的图片。在制作时最好不要将 iPhone 上的程序放大到 iPad 的屏幕上。

- **无论在哪种设备上使用，都要保持主功能**

不要让用户觉得是在使用两个完全不同的程序，即使是一种版本会为任务提供比另一版更加深入或更具交互性的展示。

- **超越"默认"**

没有优化过的 iPhone 程序会在 iPad 上默认以兼容模式运行。

虽然这种模式使得用户可以在 iPad 上使用现有的 iPhone 程序，但却没能给用户提供他们期待的 iPad 体验。

3.2.2　重新规划基于 Web 的设计

如果制作的程序是从 Web 中移植而来，就需要确保程序能摆脱网页的感觉，给人 iOS 程序的体验。谨记用户可能会在 iOS 设备上使用 Safari 来浏览网页。

以下为帮助 Web 开发者创建 iOS 程序的策略。

- **关注程序**

网页经常会给访客许多任务或选项，让用户自己挑选，但是这种体验并不适合 iOS 应用。iOS 用户希望程序能像宣称的那样立刻看到有用的内容。

- **确保程序帮助用户做事**

用户也许会喜欢在网页中浏览内容，但更喜欢能使用程序完成一些事情。

- **为触摸而设计**

不要尝试在 iOS 应用中复用网页设计模式。

熟悉 iOS 的界面元素和模式，并用它们来展现内容。菜单、基于 hover 的交互、链接等 Web 元素需要重新考虑。

- 让用户翻页

很多网页会将重要的内容认真地在第一时间展现出来，因为如果用户在顶部区域附近没找到想要的内容，就会离开。

但在 iOS 设备上，翻页是很容易的。如果缩小字体、压缩空间尺寸，使所有内容挤在同一屏幕内，可能会使显示的内容看不清，布局也没有办法使用。

- 重置主页图标

大多数网页会将回主页的图标放置在每个页面的顶部。iOS 程序不包括主页，所以不必放置回主页的图标。

另外，iOS 程序允许用户通过点击状态栏快速回到列表的顶部。如果在屏幕顶部放置一个主页图标，想按状态栏就会很困难。

3.3 Android 的界面设计风格

无论是手机、平板电脑还是其他设备，它们都具有不同的屏幕尺寸和构成元素。Android 系统可以灵活地转换不同大小的 APP，来适应不同的高度和宽度的屏幕。图 3-8 所示为不同尺寸的设备，图 3-9 所示为不同尺寸的图标。

图 3-8

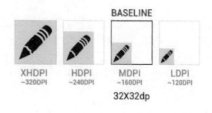

图 3-9

提示：设计不同尺寸的屏幕时，有以下两种方法。
- 使用标准尺寸，然后放大或缩小，以适应其他尺寸。
- 使用设备的最大尺寸，然后缩小，并适应需要的小屏幕尺寸。

除了设置正确的尺寸外，为界面选择一种适合自己品牌的颜色也非常重要。不仅可以强调界面的美感，还可以为视觉元素提供更好的对比。每个颜色都有一系列对应的饱和度，来满足不同的要求，Android 调色板中的标准是蓝色，如图 3-10 所示。

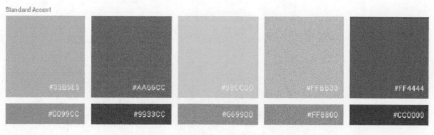

图 3-10

3.3.1　主题样式

主题样式是 Android 为了保持 APP 或操作行为的视觉风格一致而创造的机制。风格指定了组成用户界面元素的视觉属性，如颜色、高度、空白及字体大小。为了各个 APP 在平台上达到更好的统一效果，Android 雪糕三明治系统为 APP 提供了 3 套系统主题，图 3-11、图 3-12、图 3-13 所示为 3 种不同的主题。

Holo 浅色主题　　　　　　　Holo 深色主题　　　　Holo 浅色底 + 深色操作栏主题

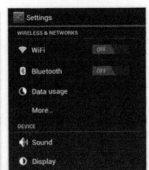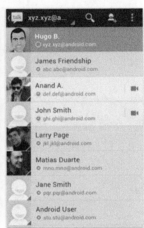

图 3-11　　　　　　　　　图 3-12　　　　　　　　图 3-13

3.3.2　优化用户界面

通过为不同屏幕大小设计不同的布局，为不同屏幕密度提供不同的位图图像，来优化 APP 的用户界面，如图 3-14 所示。

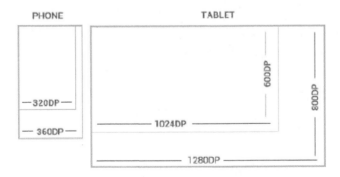

图 3-14

 提示：不同设备的屏幕物理大小与屏幕密度各不相同，屏幕物理大小是指手机（小于 600dp）或平板电脑（大于或等于 600dp）的物理尺寸，屏幕密度是 LDPI、MDPI、HDPI、XHDPI。

可触摸的 UI 元件的标准尺寸为 **48dp**，转换为物理尺寸约为 **9mm**。建议的目标大小为 7 ～ 10mm 的范围，因为这是手指能准确且舒适触摸的区域，如图 3-15 所示。

图 3-15

每个 UI 元素之间的间距为 **48dp**，如图 3-16 所示。

图 3-16

提示：无论在什么屏幕上，触摸目标绝不可以比建议的最低目标小。所以设计的元素高和宽至少为 **48dp**，使整体信息密度的和触摸目标大小之间取得一个很好的平衡。

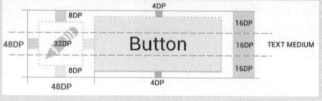

3.3.3　触摸反馈

为了加强手势行为的结果，并使用颜色和光作为触摸的反馈，任何时候触摸一个可操作区域都要提供视觉反馈，使用户知道哪些可操作。图 3-17 所示为 Home 键的触摸反馈。

当用户尝试滚动超过内容边界时，要给出明确的视觉线索。例如，当用户在第一个 Home 屏向左滚动时，屏幕的内容就会向右倾斜，让用户知道再往左方的导航是不可用的，如图 3-18 所示。

图 3-17

当操作更复杂的手势时，触摸反馈可以暗示用户操作的结果。例如，在最近任务中，当横划缩略图时会变暗淡，暗示横划会引起对象的移除，如图 3-19 所示。

图 3-18

图 3-19

3.3.4 合理使用字体

为了帮助用户快速了解信息，Android 的设计语言进行了传统的排版，并成功地应用大小、空间、节奏以及底层网格对齐等工具。

Android 冰淇淋三明治引入了一种新的字体 Roboto，专门为高分辨率屏幕下的 UI 而设置。目前 TextView 的框架默认支持常规、粗体、斜体和粗斜体，如图 3-20 所示。

为了创建有序的、易于理解的布局，界面中通常会使用不同大小的字体。但是，在相同的用户界面中要避免使用过多的不同大小的字体，否则界面会很乱。Android 框架中使用的文字大小标准如图 3-21 所示。

图 3-20

Text Size Micro	12sp
Text Size Small	14sp
Text Size Medium	16sp
Text Size Large	18sp

图 3-21

提示：Android UI 的默认颜色样式为 Text Corlor Primary 和 Text Color Secondary。
浅色主题颜色样式为 Text Color Primary Inverse 和 Text Color Secondary
Inverse。下图为深色主题与浅色主题的两种文字。

Text Color Primary Dark
Text Color Secondary Dark

Text Color Primary Light
Text Color Secondary Light

3.4 Android 系统界面设计规范

Android 系统 UI 提供的框架包括了主界面（Home）的体验、设备的全局导航及通知栏。为
确保 Android 体验的一致性和使用的愉快度，需更加充分地利用 APP。图 3-22、图 3-23、图 3-24
所示为 Home、全部 APP 界面以及最近任务界面。

图 3-22   图 3-23   图 3-24

- **主界面 Home**

HoNe 界面是用来定制收藏 APP、文件夹和小工具的地方，通过左右横划来导航不同的 Home
屏幕面板。

- **全部 APP 界面**

该界面是用于浏览设备中安装的所有 APP 和小插件，用户可以随意拖动 APP 和小插件的图标，
放置到 Home 任意面板中的空白位置。

- **最近任务界面**

在该界面可以快速切换最近使用的 APP，它为多个同时进行的任务提供了一个清晰的导航
路径。

3.4.1 UI 栏

UI 栏是专用于显示通知、设备的通信状态以及设备的导航的区域，如图 3-25 所示。通常，UI 栏会跟随所运行的 APP 的需要而显示。如果体验电影和图片时，可以暂时隐藏 UI 栏，让用户尽情地享受全屏内容。

- **状态栏**

状态栏的左边显示等待通知，右边显示如时间、电池和信号强度。向下划动状态栏可显示通知详情。

- **导航栏**

图 3-25

由 Android2.3 以及更早版本的物理按键导航（返回、菜单、搜索、主页）变成了 Android3.0 嵌入屏幕的虚拟按键（返回、主页、最近任务）。

- **系统栏**

在平板电脑上使用，包含了状态栏和导航栏的元素。

3.4.2 通知

APP 可以通过通知系统将重要事件信息告知用户，它提供了更新、提醒以及一些不需要打断用户的非重要信息。向下滑动状态栏可以打开通知抽屉，如图 3-26 所示。

大部分的通知都是一行标题和一行信息，如有必要可以增加第三行。

3.4.3 APP 界面

图 3-26

一个典型的 Android APP 界面通常会包含操作栏和内容区域，如图 3-27 所示。

1. 主操作栏

主操作栏包含导航 APP 层级、视图的元素以及最重要操作，是 APP 的命令和控制中心。

2. 视图控制

视图包括了内容不同的组织方式或不同的功能，用于切换 APP 提供的不同视图。

3. 内容区域

用于显示内容的区域。

4. 次操作栏

次操作栏提供了一种方式，就是把操作从主操作栏分配并放置到次操作栏，次操作栏可以在主操作栏的下方或屏幕的底部。

图 3-27

3.5 课堂练习——制作 iOS 系统播放器

了解了 iOS 系统和 Android 系统的基本结构和图形后，相信大家应该对于手机 UI 的基本框架有了了解。下面通过绘制一个应用到 iOS 系统的播放器程序界面系统地将所学内容总结回顾一下。

3.5.1 案例分析

案例特点：本案例设计制作一个简洁的播放器界面、在遵循 iOS 设计规范的前提下保证播放器结构明确且美观。清新的配色和明确的结构更容易被用户接受。

制作思路与要点：案例的整体风格要和 iOS 风格一致。各组成部分的尺寸要符合标准。需要考虑该播放器在平板电脑设备中使用时的结构图和调整。

渲染风格：	超真实
尺寸规格：	640 像素 ×1136 像素
源文件地址：	源文件 \ 第 4 章 \ 案例 5.PSD
视频地址：	视频 \ 第 4 章 \ 案例 5.SWF

色彩分析：案例中采用了蓝色作为主色，以深灰和浅灰作为补色。整个界面主题凸出，层次分明。给人清新、干净、整齐的感觉。

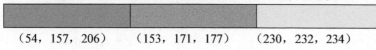

（54，157，206）　　（153，171，177）　　（230，232，234）

3.5.2 制作步骤

01 新建一个 640 像素 ×1136 像素的 Photoshop 文件，如图 3-28 所示。执行"视图 > 标尺"命令，从标尺中分别拖曳出辅助线，定位播放器格局，如图 3-29 所示。

图 3-28

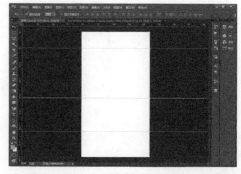

图 3-29

02 新建一个名称为"底图"的图层组，执行"文件 > 置入"命令，将"光盘 \ 第 4 章 \ 素材 \cover. psd"文件置入，单击"提交"按钮，效果如图 3-30 所示。使用"矩形工具"绘制一个 RGB（54，157，206）的矩形，修改图层的"不透明度"为 80%，效果如图 3-31 所示。

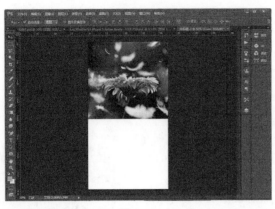

图 3-30   图 3-31

03 使用"圆角矩形工具",设置"圆角半径"为 30 像素,在画布中绘制图 3-32 所示的圆角矩形。使用相同的方法继续绘制其他两个圆角矩形,效果如图 3-33 所示。

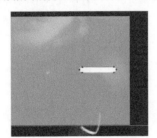

图 3-32   图 3-33

04 使用"钢笔工具"绘制效果如图 3-34 所示的图形。新建一个名称为"文本"的图层组。在"字符"面板中设置文本的各项参数,使用"横排文字工具"在画布中输入如图 3-35 所示的文本。使用相同的方法输入其他文本。

图 3-34   图 3-35

05 新建一个名称为"状态栏"的图层组,使用绘图工具完成如图 3-36 所示图形的绘制。使用"横排文字工具"完成文本的输入,完成效果如图 3-37 所示。

图 3-36   图 3-37

06 新建一个名称为"主体"的图层组，使用"矩形工具"绘制一个 RGB（153，171，177）的矩形，效果如图 3-38 所示。使用"横排文字工具"输入图 3-39 所示的文本。

07 在"主体"图层组中新建一个名称为"歌曲信息"的图层组，使用"矩形工具"绘制一个 RGB（230，232，234）的矩形，效果如图 3-40 所示。单击"图层"面板底部的"添加图层样式"按钮，为图形添加"描边"图层样式，各项参数设置如图 3-41 所示。

08 单击"确定"按钮，描边效果如图 3-42 所示。执行"文件 > 置入"命令，将"光盘 \ 第 4 章 \ 素材 \Mini cover.psd"文件置入。调整到如图 3-43 所示的位置。

图 3-38　　　　　　　　图 3-39　　　　　　　　　　图 3-40

图 3-41　　　　　　　　　　　　　图 3-43

图 3-42

09 使用"横排文字工具"输入文本，完成效果如图 3-44 所示。继续使用图形工具和文本工具，完成如图 3-45 所示的部分。

图 3-44　　　　　　　　　　　　　　图 3-45

10 在"主体"图层组中新建一个名称为"播放"的图层组，新建一个名称为 Play btn 的图层组。设置"填充色"为 RGB（238，239，240），使用"矩形工具"绘制一个如图 3-46 所示的矩形。

11 设置"前景色"为 RGB（193，196，199），新建图层，使用"图形"工具绘制一个"像素"圆形，如图 3-47 所示。单击"添加图层样式"按钮，为图形添加"斜面和浮雕"样式，各项参数如图 3-48 所示。

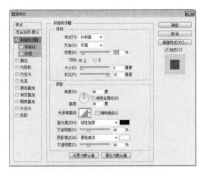

图 3-46 图 3-47 图 3-48

⓬ 继续为图形添加"描边""渐变叠加"和"投影图层"样式，各项参数的设置如图 3-49 所示。

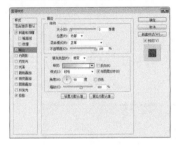

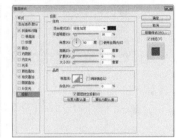

图 3-49

⓭ 单击"确定"按钮，图形效果如图 3-50 所示。修改图层的"填充"不透明度，图形效果如图 3-51 所示。

图 3-50 图 3-51

⓮ 使用"多边形工具"，设置"边"为 3，绘制如图 3-52 所示的三角形。为图形添加"内阴影"和"渐变叠加"，各项参数设置如图 3-53 所示。

图 3-52 图 3-53

⓯ 继续为图形添加"外发光"和"投影"图层样式，各项参数设置如图 3-54 所示。修改图层"填充"不透明度为 0%。如图 3-55 所示。

图 3-54　　　　　　　　　　　　　　图 3-55

⑯ 图形应用样式效果如图 3-56 所示。新建图层，使用"圆形工具"绘制一个像素圆形，如图 3-57 所示。

⑰ 为图形添加"渐变叠加"图层样式，参数设置如图 3-58 所示。执行"滤镜 > 转换为智能滤镜"命令。再分别执行"滤镜 > 模糊 > 动感模糊"命令和"滤镜 > 滤镜 > 高斯模糊"命令，设置参数，如图 3-59 所示。

图 3-56　　　　图 3-57

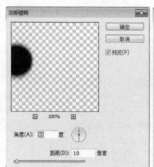
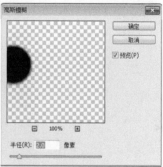

图 3-58　　　　　　　　　　　　　　图 3-59

⑱ 单击"确定"按钮，修改图层"填充"不透明度为 0%，完成效果如图 3-60 所示。使用相同的方法，分别制作其他几个控制按钮，效果如图 3-61 所示。

图 3-60　　　　　　　　　　　　　　图 3-61

⑲ 新建一个名称为 Slider 的图层组。使用"圆角矩形工具"绘制如图 3-62 所示的形状图形。为其添加"内阴影"和"投影"图层样式，各项参数如图 3-63 所示。

⑳ 单击"确定"按钮，效果如图 3-64 所示。使用相同的方法制作如图 3-65 所示的图形。

㉑ 新建一个名称为 handle 的图层组。使用绘制播放按钮的方法绘制如图 3-66 所示的图形。图层结构如图 3-67 所示。

㉒ 完成播放器界面的绘制，最终效果如图 3-68 所示。

图 3-62

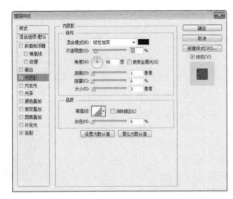 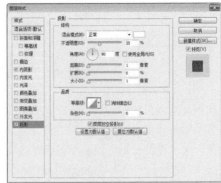

图 3-63

图 3-64　　　　　　　　　　　　　　　图 3-65

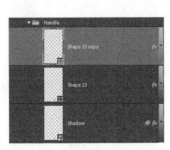  

图 3-66　　　　　图 3-67　　　　　　　　　　图 3-68

3.6 课堂提问

　　通过各种绘制工具可以设计出完美的手机应用程序界面。读者除了要熟悉界面的制作方法和流程外，还要对保存输出有所了解。以下为有关用户界面设计稿切片输出和优化等问题。

3.6.1　问题 1——如何对设计稿切图

　　以本章案例为例，在开始切图之前，要使用辅助性按照界面的功能将设计稿分割，如图 3-69 所示。对于纯色或渐变背景，不用全部切片输出，只需要保存局部，制作时采用平铺的方法实现效果，如图 3-70 所示。

　　辅助线创建完成后，可以使用"切片工具"创建切片，使用"切片选择工具"调整切片的轮廓和位置，如图 3-71 所示。也可以通过单击选项栏上的"基于参考线的切片"按钮，快速按照辅助线创建切片，如图 3-72 所示。

如果需要为单独图层对象创建切片，可以执行"图层 > 新建基于图层的切片"命令，这样可以有针对性地创建切片。

纯色不用切图

渐变只需使用"单行选框工具"或"单列选框工具"切出背景的局部。

图 3-69   图 3-70

图 3-71

图 3-72

3.6.2 问题 2——如何通过优化控制图片的体积

手机系统通常对于资源的分配非常严格。容量太大的图片非常不利于获得好的用户体验，所以在输出界面素材时要对每个图片进行优化处理。执行"文件 > 存储为 Web 所有格式"命令，弹出"存储为 Web 所有格式"对话框，如图 3-73 所示。

选择单个图片，即可在对话框右侧设置图片的格式和其他参数，选择"四联"显示模式，比较左下角显示的参数，获得一种满意的格式和设置，单击"存储"即可，如图 3-74 所示。

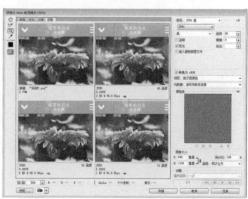

图 3-73   图 3-74

3.7 课后练习——绘制天气预报 APP 界面

掌握了本章的内容后，同学们可在课下时间完成一个漂亮的天气预报软件的操作界面。案例的具体制作步骤如图 3-75 所示。

渲染风格：	扁平化
尺寸规格：	640 像素 ×1136 像素
源文件地址：	源文件 \ 第 3 章 \ 案例 6.PSD
视频地址：	视频 \ 第 3 章 \ 案例 6.SWF

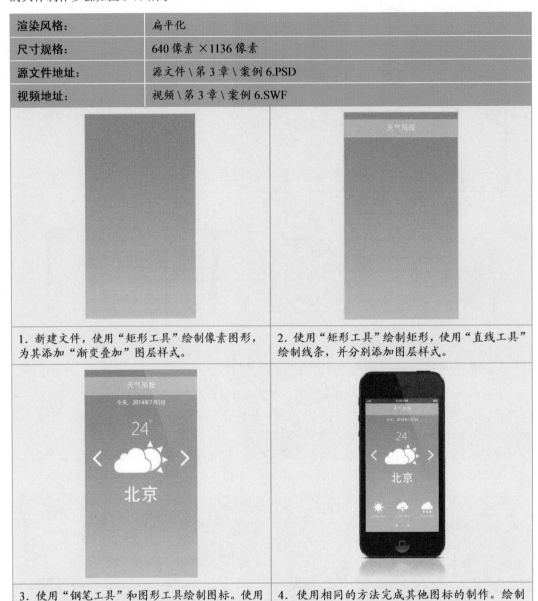

图 3-75

04

第4章
手机 UI 中的图标设计

本章简介

　　手机中需要不同种类的图标，包括应用程序图标、状态栏图标和启动图标等。设计人员根据应用程序的不同可以创建不同风格、不同尺寸的图标。本章将针对图标的相关知识进行介绍，帮助同学们快速了解手机图标的发展史、手机图标的设计规范等信息，以便可以设计出美观又符合规范的图标作品。

学习重点

- 图标设计的必要性
- 图标的属性
- iOS 系统图标设计规范
- iOS 系统图标的分类

- Android 系统图标设计规范
- Android 系统图标的分类
- 设计制作一个 iOS 图标

4.1 怎样才能设计出好图标

图标的广义概念就是人类使用符号来传达意义，包括文字、信号、密码、文明符号、图腾、手语等。这里所说的图标指的是计算机屏幕上表示命令、程序的符号和图像。

图标设计反映了人们对于事物的普遍理解，也同时展示了社会、人文等多种内容。当今的社会已经是一个高度视觉化的社会，图形语言在很大程度上替代了传统的语言，使人们可以快速地进行视觉交流。

4.1.1 图标设计的必要性

要想设计出好的图标作品，就要首先了解图标设计的应用价值。

图标设计是视觉设计的重要组成部分，其基本功能在于提示信息与强调产品的重要特征，以醒目的信息传达让用户知道操作的必要性，如图 4-1 所示。

图 4-1

图标设计可以使产品的功能具象化，更容易理解。常见的很多图标元素本身在生活中就经常见到。这样做的目的可以使用户可以通过一个常见的事物理解抽象的产品功能，如图 4-2 所示。

图标的使用可以使产品的人机界面更具吸引力，富含娱乐性。在设计一些特殊领域的图标时，可以使图标的风格更具娱乐性，在描述功能的同时吸引人们的注意力，并留下深刻印象，如图 4-3 所示。某些特征明显、娱乐化的图标设计往往会给用户留下深刻印象，对产品的推广起到良好的作用。

图 4-2   图 4-3

统一的图标设计风格（见图 4-4）形成产品的统一性，代表了产品的基本功能特征，凸显了产品的整体性和整合程度，给人以信赖感，同时便于记忆。

美观的图标是一个好的界面设计的基础。无论是何种行业，用户总是会喜欢外观美观的产品。美观的产品总会为用户留下良好的第一印象，如图 4-5 所示。在时下流行的智能终端上，产品的操作界面更能体现个性化的美和强化装饰性的作用。

图 4-4

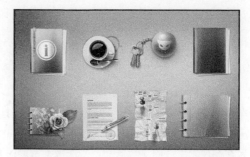
图 4-5

图标设计也是一种艺术创作，极具艺术美感的图标能够提高产品的品位。目前图标设计已经成为了企业 VI 的一部分，图标不但要强调其示意性，还要强调产品的主题文化和品牌意识（见图 4-6），其设计已提高到一个前所未有的高度。

图标作为产品风格的组成部分，通过采用不同的表现方法，可以使图标传达不同的产品理念。既可以选择使用简洁线条表现简洁、优雅的产品概念，也可以使用写实的手法表现产品的质感，突出科技感和未来感，如图 4-7 所示。

图 4-6

图 4-7

在人机交互流行的时代，选择屏幕宣传产品是最佳的选择，图标的使用可以在很短的时间内向用户展示产品的功能和用途（见图 4-8），而且这样的宣传方法不受时间、地域等各种因素的影响。

图 4-8

4.1.2 图标属性

很多图标看似相同，但从它们的基本属性上分析却有很大的不同。图标的属性包括类型、尺寸、颜色的数量、透明效果、阴影效果、倾斜角度、风格等。

- **类型**

图标分为矢量图标和位图图标两种。由于位图图标的效果比较丰富，所以目前大部分的图形界面中都采用了位图图标表现图标。只有少数的系统中才单纯地使用矢量图标。

由于现在高像素密度的显示器和一些低像素密度的显示器同时存在，在图标设计中使用矢量图形就会更灵活，如图4-9所示，而且使用矢量将不用为同一个图标创建不同尺寸的版本，使用渐变的效果（如增加倾斜和缩放效果）也更容易，增加其他的一些视觉效果（如阴影效果）也更容易。反锯齿和其他的一些技术保证了使用矢量实现的效果和使用位图实现的效果差不多。

（a）矢量图　　　　　　　　　　　　　　（b）位图

图 4-9

- **尺寸**

由于早期的系统在图形上的功能比较弱，大多数早期的图标采用的都是 32 像素 ×32 像素的尺寸。但也有一些例外，像 NeXTSTEP 系统就采用了 48 像素 ×48 像素的尺寸。

近年来，图标的设计者们慢慢摆脱了图标面积为 1024 像素的限制。Mac OS X 采用了 128 像素 ×128 像素的尺寸，Windows XP 采用了 64 像素 ×64 像素的尺寸。一些流行的操作系统也采用了大的尺寸。为了使图标保存兼容性和通用性，可以在所有系统中正常显示，在设计图标时要设计一个较小的尺寸，如图4-10 所示。同时尺寸为 16 像素 ×16 像素或 24 像素 ×24 像素的图标也在操作系统中使用。

图 4-10

- **颜色的数量**

图标颜色的数量一直在稳定的发展，从最早的 1 位两种颜色（通常是黑色和白色），到 4 位 16 种颜色，再到 8 位 256 种颜色，如图4-11 所示。随着图标制作技术的发展，越来越丰富的颜色将被应用到图标设计中，甚至会出现远远超过人类眼睛能分辨的百万种颜色的图标。

图 4-11

- **透明效果**

在最新的图形界面中，透明效果扮演着很重要的角色。图标透明效果的使用，更好地表现了图标的质感，可以更好地辅助图标的功能，如图 4-12 所示。

- **阴影效果**

使用伪 3D 视图表现图标的立体效果的方法越来越普及，在图标中也逐渐使用了阴影效果，如图 4-13 所示。但在近来系统的图标中，阴影效果被设计得不连续并且很精细，如图 4-14 所示。

图 4-12 　　　　　　　　　图 4-13 　　　　　　　图 4-14

- **图标的倾斜**

许多不同系统的图标使用了不同的倾斜，例如 Copland、BeOS、Windows XP、Mac OS X 等。图标的倾斜通常会导致图标的不一致，在 Windows XP 里采用了两种倾斜，但它们没有很好地融合在一起，如图 4-15 所示。在 Mac OS X 里面，图标的倾斜应用得比较好，如图 4-16 所示。

图 4-15 　　　　　　　　　　　　图 4-16

- **风格**

早期的图标很抽象，可能只是为了表示一些概念。后来，图标渐渐支持更多的颜色，在"抽象和具体"之间不断平衡。目前，大多数的图标都应用了现实主义的手法。Mac OS X 里的图标的内容比之前版本的图标内容多了 512 倍，如图 4-17 所示。但是这对于要清楚地表现图标的含义并不够。

图 4-17

4.1.3　优秀图标的共同点

要想设计出一个优秀的图标，需要考虑的内容很多。除了要考虑图标的美观性以外，还要考虑图标应用界面的内涵、未来显示的载体、不同产品的要求等内容。不同的设计方式，呈现的图标样式也不同。虽然有很多的要求，但好的图标还是有一些共同点，掌握这些设计原则，可以设计出令人满意的图标。

- **视觉感觉精美，结构合理**

设计制作图标时，要尽量使图标的形状、材料、角度、色彩和大小比例符合真实生活中的情况。

- **兼容尺寸**

现在的显示载体多种多样，设计制作出来的图标要能够在不同尺寸的界面中显示成为首先要考虑的问题，如图 4-18 所示。要保证同一个图标在不同分辨率下都可以正确显示。

图 4-18

- **统一风格**

图标的设计制作往往是成套的。一套图标在设计时设计风格要统一。在突出图标的整体性的前提下更容易让用户记忆。无论是质感、色系还是光照效果都要保持一致，不但可以引起品牌的共鸣，还可以与整个界面设计相互呼应。

- **有一定的主题文化**

主题文化更多地来源于设计人员的灵感。在图标设计中融入故事性，更容易吸引用户的关注。这类图标中常会使用大量的重复元素，经常应用到游戏、电影和休闲等娱乐型产品中。

- **满足不同的文化背景**

好的图标设计可以使不同民族、不同种族以及不同国家和地区的用户都可以准确识别。这类图标一般都是应用到一些特定的事件中，例如奥运会和世界杯。通过采用简单的图形和抽象的符号使图标传达的内容更易识别，容易引起联想。

- **容易记忆**

一般情况下，图标上不会出现文字说明。图标都是通过简单的元素表达清晰的概念，同时使用户对产品本身产生联想，并留下深刻印象，如图 4-19 所示。

图 4-19

4.2 iOS 系统图标设计规则

iOS 系统中所有的程序都需要图标来为用户传达应用程序的基础信息的重要使命。按照应用领域的不同可以分为程序图标、小图标、文档图标、Web 快捷方式图标和导航栏、工具栏和 Tab 栏上用的图标。

在绘制图标之前，要考虑图标想要表达的内容。

➢ 简单而富有流线感：太多的细节会让图标显得笨拙，难以辨认。

➢ 不容易和系统提供的图标搞混：用户应该能一眼把绘制的图标和系统提供的标准图标分开。

➢ 易懂，容易被接受：要绘制的图标能够被大多数用户理解，不会被用户抵触。

➢ 避免使用和苹果产品重复的图片：苹果产品图片都有产权保护，并且会经常变动。

思考图标外观时依照如下指南。

➢ 要有合适的透明度。

➢ 不包含投影效果。

➢ 使用抗锯齿效果。

➢ 如果要添加斜面效果，确保光源放在最上方。

➢ 让所有图标看起来一样重。

➢ 要在所有图标间平衡尺寸、细节丰富度以及实心部分。

4.2.1 程序图标

用户通常会把程序图标放在桌面上，点击图标就可以启动相应的程序。程序图标是每一个程序中必不可少的一部分，图标是完美的品牌宣传和视觉设计的结合，同时也形成紧密结合、高度可辨、颇具吸引力的画作。

图标也会被用在 Game Center 中。针对不同的设备要创建与其相应的程序图标。如果程序要适用于所有设备，提供以下 3 种尺寸的图标。

● 为 iPhone 和 iTouch 设计的图标。

➢ 57 像素 ×57 像素。

➢ 114 像素 ×114 像素（高分辨率）。

- 为 iPad 设计的图标。
  - ➤ 72 像素 ×72 像素。
- 当在桌面上显示图标时，会自动添加以下效果，如图 4-20 所示。
  - ➤ 有 90°角。
  - ➤ 没有高光效果。
  - ➤ 不使用透明层。

图 4-20

- 为确保设计好的图标与 iOS 桌面提供的加强效果相配，制作时图标应符合以下 3 点。
  - ➤ 没有 90°角。
  - ➤ 没有高光效果。
  - ➤ 不使用透明图层。

程序图标的背景要清晰可见。iOS 系统自动为图标添加了圆角，在桌面上有清晰可见的背景的图标才好看。

iOS 系统添加的效果可以保证桌面上的图标有统一整齐的外观，以其好看的外表吸引用户点击。

提示：为了使图标与其他桌面图标一致，iOS 系统会自动为图标添加圆角、投影和反射高光视觉特效。因此在制作时图标应该没有 90°尖角和高光效果，方可确保制作的图标与 iOS 系统为其添加的效果相得益彰。

4.2.2 小图标

iOS 程序还需要一个小版本的图标，用于在 Spotlight 搜索结果里展示某个程序。

如果需要设置的话，程序还需要在设置里放一个可以与其他内置程序相区分的、在一列搜索结果里具有足够的可辨识性的图标。

在 iPhone 和 iPod Touch 中，iOS 在 Spotlight 搜索结果和 Settings 里用的是同一个图标。如果没有提供这个版本，iOS 会把程序图标压缩做程序展示图标。

- 对于 iPhone，应用图标尺寸如下所示，如图 4-21 所示。
  - ➤ 29 像素 ×29 像素。
  - ➤ 58 像素 ×58 像素（高分辨率）。
- 对于 iPad，要为 Settings 和 Spotlight 搜索结果提供专门的尺寸。
  - ➤ 50 像素 ×50 像素（为 Spotlight）。
  - ➤ 39 像素 ×39 像素（为 Settings）。

图 4-21

4.2.3 文档图标

如果 iOS 程序定义了自己的文档类型,也要定制一款图标来识别。如果没有提供定制文档图标,iOS 就会把程序图标改一下用作默认的文档图标。

例如,用尺寸为 57 像素 ×57 像素的程序图标改成的文档图标如图 4-22 所示。使用尺寸为 114 像素 ×114 像素的高清版图标如图 4-23 所示。而对于 iPad,使用 72 像素 ×72 像素程序图标生成的文档图标如图 4-24 所示。

| 图 4-22 | 图 4-23 | 图 4-24 |

若要自己为程序定制文档图标,最好将其设计得容易记忆,与程序图标联系紧密,因为用户会在不同的地方看到文档图标。文档图标要漂亮、表意清晰、细节丰富。

根据程序运行平台的不同,创建不同尺寸的图标。

- 对于 iPhone 版 iOS 图标,创建两种尺寸的文档图标。
  - ➢ 22 像素 ×29 像素。
  - ➢ 44 像素 ×58 像素。

  可以将制作的图标居中或缩放填充在规定的格子里。
- 对于 iPad 版 iOS 图标,创建两种尺寸的文档图标。
  - ➢ 64 像素 ×64 像素
  - ➢ 320 像素 ×320 像素

提示:为了便于在任何环境中都能找到合适的尺寸,建议将两种尺寸的图标都准备好。iOS 会为图标添加卷角效果,因此即便是画作大小完全适合安全区的尺寸,右上角也总是会被遮掉一部分。另外,从上到下的渐变也会被 iOS 所覆盖。

因此，为了创建一个完整的文档图标，在制作时针对不同的尺寸有不同的解决方法。

- 创建完整的 64 像素 ×64 像素的图标。
  - ➢ 创建 64 像素 ×64 像素的 PNG 格式图像。
  - ➢ 加入 Margin，创建安全区。
- 创建完整的 320 像素 ×320 像素的图标。
  - ➢ 创建 320 像素 ×320 像素的 PNG 格式图像。
  - ➢ 加入 Margin，创建安全区。

4.2.4 Web 快捷方式图标

若制作的程序中带有 Web 小程序或者网站，可以为其定制一款图标，用户可以将其直接放在桌面上，点击图标直接访问网页内容。定制的图标可以代表整个网站或者某个网页。

最好将网页中有特色的图片或者可识别的颜色主题应用到图标里。

为了确保图标在设备上看起来更完美，制作时应遵照以下指南。

- 为 iPhone 和 iPod Touch 创建下列尺寸的图标。
  - ➢ 57 像素 ×57 像素。
  - ➢ 114 像素 ×114 像素。
- 为 iPad 创建如下尺寸的图标。
  - ➢ 72 像素 ×72 像素。

4.2.5 导航栏、工具栏和 Tab 栏上用的图标

尽可能使用系统提供的按钮和图标来代表标准任务。

创建用于导航栏和工具栏的定制图标来代表程序中用户经常要执行的任务。如果程序用 Tab 栏在不同的定制内容和定制模式间切换，就需要为 Tab 栏定制图标。

工具栏和导航栏上的图标尺寸如下。

- 对于 iPhone 和 iPod
  - ➢ 约 20 像素 ×20 像素。
  - ➢ 约 40 像素 ×40 像素（高分辨率版本）。

- 对于 iPad
  - ➢ 20 像素 ×20 像素。

Tab 栏上的图标尺寸如下。

- 对于 iPhone 和 iPod
  - ➢ 约 30 像素 ×30 像素。
  - ➢ 约 60 像素 ×60 像素（高分辨率版本）。

- 对于 iPad
  - ➢ 约 30 像素 ×30 像素。
- 不要为图标提供选中态或按压态。

图标效果是自动叠加的，所以无法定制。因此即使图标提供选中态或按压态，iOS 也不会为导航栏、工具栏和 Tab 栏的图标自动生成这些状态。

4.3 Android 系统图标设计规则

Android 系统中的图标主要可以分为启动图标、操作栏图标和小图标等。每种图标的尺寸和规范均不相同，需要根据实际用途决定图标的大小。图标为操作、状态和 APP 提供了一个快速且直观的表现形式，如图 4-25 所示。

图 4-25

4.3.1 启动图标

为启动图标制定一个独特的设计风格，视觉上达到从上向下透视的效果，使用户可以感觉到有一定的深度，如图 4-26 所示。

启动图标在界面中代表 APP 的视觉表现，确保启动图标在任意壁纸上都清晰可见，图 4-27 所示为 Android 启动图标。

图 4-26

图 4-27

提示：在移动设备上的启动图标的尺寸必须是 48dp×48dp，在应用市场上启动图标尺寸必须是 512dp×512dp，图标的整体大小为 48dp×48dp。

4.3.2 操作栏图标

操作栏图标是简单的平面按钮，用来传达一个单纯的概念，并能让用户对该图标的作用一目了然，图 4-28 所示为 Android 的操作栏图标。

图 4-28

提示：手机的操作栏图标尺寸是 32dp×32dp，整体大小为 32dp×32dp，图形区域为 24dp×24dp。如果图形线条太长（如电话、书写笔），向左或向右旋转 45°，以填补空间的焦点；描边和空白之间的间距应至少 2dp。

操作栏的图标为平面风格，通常为流畅的曲线或尖锐的形状，图 4-29、图 4-30 所示为不同颜色的操作栏。

- ➤ 颜色：#FFFFFF。
- ➤ 可用：80% 透明度。
- ➤ 禁用：30% 透明度。
- ➤ 颜色：#333333。
- ➤ 可用：60% 透明度。
- ➤ 禁用：30% 透明度。

图 4-29   图 4-30

4.3.3 小图标

小图标是 APP 中用来提供操作或特定项目的状态。例如，在 Gmail APP 中，消息前的星形图标标记为重要消息，如图 4-31 所示。

提示：小图标的尺寸为 16dp×16dp，整体大小为 16dp×16dp，可视区域为 12dp×12dp，小图标为中性、平面的简洁风格。

使用单一的视觉隐喻，使用户可以很容易地识别和理解其目的。带目的性地为图标选择颜色，例如，Gmail 使用黄色的星形图标表示标记消息，如图 4-32 所示。

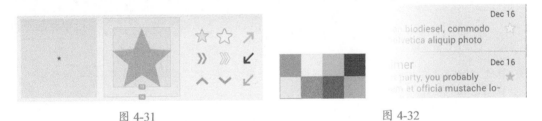

图 4-31   图 4-32

4.4 课堂练习——制作 iOS 系统图标

通过学习图标设计的基础知识，读者应该对于图标的设计有了一定的了解。接下来通过制作一个 iOS 系统图标进一步熟悉设计图标的方法。

4.4.1 案例分析

案例特点：本案例中将制作一个 iOS 系统中常见的照相机 APP 图标。图标整体感觉大气且不失细节。能够充分展现应用程序的特征，让用户一眼就可以看出程序的功能。同时鲜艳的颜色

又方便用户在众多图标中快速找到。

制作思路与要点：本案例中的图标在制作中主要应用了矩形工具和圆形工具。同时使用丰富的色块凸显镜头的光晕效果。

渲染风格：	超真实
尺寸规格：	932 像素 ×310 像素
源文件地址：	源文件 \ 第 3 章 \ 案例 7.PSD
视频地址：	视频 \ 第 3 章 \ 案例 7.SWF

色彩分析：案例中采用了丰富的色彩搭配。使用了蓝色、紫色、红色、城市和绿色。多个颜色的层叠分布使按钮效果看起来层次分明又充满活力。

（1，161，255）　（174，72，255）　（254，0，112）　（255，117，55）　（0，236，120）

4.4.2　制作步骤

01　执行"文件 > 新建"命令，新建一个 1024 像素 ×768 像素的文件，如图 4-33 所示。在"渐变编辑器"面板中设置"前景色"为从 RGB（56，67，113）到 RGB（10，18，40）的线性渐变，填充效果如图 4-34 所示。

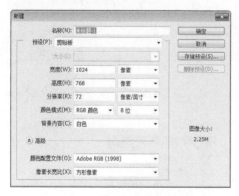

图 4-33

图 4-34

02　使用"圆角矩形工具"在画布中单击，在"创建圆角矩形"对话框中设置各项参数，如图 4-35 所示。单击"确定"按钮，创建图 4-36 所示的圆角矩形。

图 4-35

图 4-36

03 单击"添加图层样式"按钮，为图形添加"斜面与浮雕""渐变叠加"和"投影"样式，各项参数设置如图 4-37 所示。

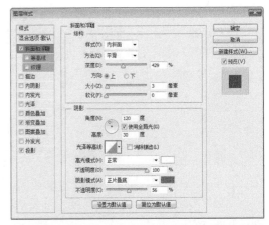

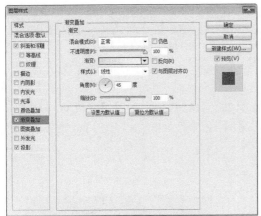

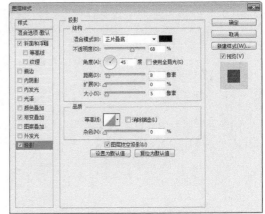

图 4-37

04 图形效果如图 4-38 所示。使用"椭圆工具"绘制一个 325 像素 × 325 像素的圆形，效果如图 4-39 所示。

图 4-38   图 4-39

05 为图形添加"内阴影""内发光""颜色叠加"和"投影"的图层样式，各项样式的参数设置如图 4-40 所示。

06 图形的应用效果如图 4-41 所示。使用相同的方法继续绘制圆形，并为其添加图层样式，效果如图 4-42 所示。

07 使用相同的方法继续绘制圆形，完成的效果如图 4-43 所示。新建一个名称为 lights 的图层组，新建图层，使用"椭圆工具"绘制如图 4-44 所示的图形。

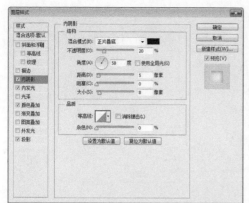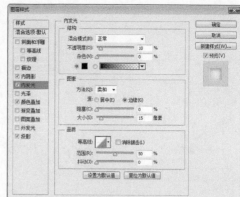

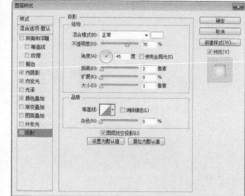

图 4-40

图 4-41　　　　　　　　　　　　　　　　图 4-42

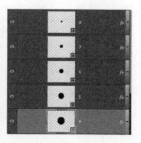　　　

图 4-43　　　　　　　　　　　　　　　图 4-44

⑧ 在选项栏上选择"减去顶层形状"选项，继续绘制圆形，效果如图 4-45 所示。执行"滤镜 >
模糊 > 高斯模糊"命令，效果如图 4-46 所示。

图 4-45

图 4-46

09 执行"编辑 > 自由变换"命令，单击选项栏上的"变形按钮"调整图形轮廓，如图 4-47 所示。继续使用相同的方法完成其他几个高光的绘制，效果如图 4-48 所示。

图 4-47

图 4-48

10 新建一个名称为 Reflections 的图层组，使用"椭圆工具"绘制一个如图 4-49 所示的椭圆。为其添加"斜面与浮雕"的图层样式，并修改其"填充"不透明度为 0%，效果如图 4-50 所示。

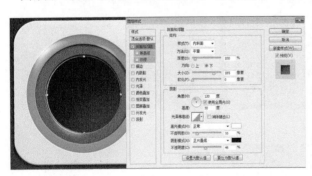

图 4-49

图 4-50

11 使用相同的方法绘制一个圆形，并添加"斜面与浮雕"图层样式，修改图层"不透明度"和"填充"不透明度，效果如图 4-51 所示。继续使用相同的方法绘制，效果如图 4-52 所示。

12 新建图层，使用"画笔工具"绘制白色高光，如图 4-53 所示。继续绘制紫色和蓝色高光，完成的效果如图 4-54 所示。

13 新建一个名称为 lights 图层组，使用"钢笔工具"绘制如图 4-55 所示的形状。修改图层"混合模式"为"明度"、图层"不透明度"为 63%。如图 4-56 所示。

14 使用相同的方法完成其他图形的绘制，完成图标的绘制，效果如图 4-57 所示。

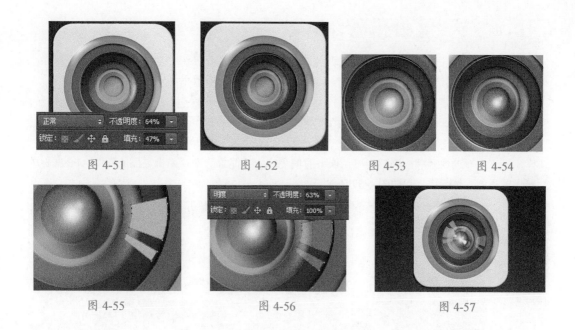

图 4-51　　　　　　　图 4-52　　　　　　　图 4-53　　　　　　　图 4-54

图 4-55　　　　　　　　　　图 4-56　　　　　　　　　图 4-57

4.5 课堂提问

通过创建手机图标，大家应该对于设计图标的方法有了大致的了解，手机中的图标根据其用途的不同会有多种尺寸。接下来学习一下如何控制图标的尺寸。

4.5.1　问题 1——如何获得正确的图标尺寸

以本章节案例为例，图标应用了"投影"效果。在输出时如果需要将投影一起输出则需要创建精准的选择区域。

- **创建带样式的选区**

通过执行"图层 > 栅格化 > 图层样式"命令可以将图层样式栅格化为普通图层，此时按下 Ctrl 键的同时单击图层缩略图即可将图形的选区调出，如图 4-58 所示。

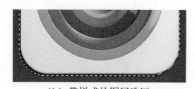

（a）普通图层选区　　　　　　　　　　　　　（b）带样式的图层选区

图 4-58

- **新建准确尺寸的新文件**

如果用户需要创建一个与图形尺寸一致的新文件。除了输入准确的数值外，可以将图形的选区调出，然后执行"编辑 > 拷贝"命令，再执行"文件 > 新建"命令，此时新建文档的尺寸与复制图形的尺寸一致。只是需要注意复制时要选择正确的图层，否则将不能获得正确的尺寸。

4.5.2 问题 2——选择图标的存储格式

图标设计制作完成后，要选择一种正确的存储格式才能被应用到手机界面中。通常手机中支持的图标格式为 PNG 格式。因为 PNG 格式除了具有很好的色彩效果以外，还支持透明效果。

4.6 课后练习——设计手机便签 APP 图标

掌握了本章的内容后，同学们可在课下时间完成一个简单的安卓手机界面的便签 APP 图标的绘制，图标的具体制作步骤如图 4-59 所示。

渲染风格：	扁平化
尺寸规格：	388 像素 ×388 像素
源文件地址：	源文件 \ 第 4 章 \ 案例 8.PSD
视频地址：	视频 \ 第 4 章 \ 案例 8.SWF

1. 新建文件，使用图形工具绘制图标的基本轮廓。

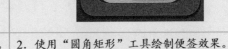

2. 使用"圆角矩形"工具绘制便签效果。

3. 使用"画笔工具"绘制手写字母效果和装饰线条。

4. 导入木纹素材，利用剪切图层完成纹理的添加。

图 4-59

05

第5章

了解手机 UI 中的 APP 控件

本章简介

　　在手机界面设计中，控件是绝对不能被忽略的部分。无论从外观还是功能上来说，控件都是决定一个优秀 APP 界面设计的前提条件。本章将针对 iOS 系统和 Android 系统中的控件分类和设计规范进行讲解。通过学习，读者可以了解在实际设计工作中手机界面的组成部分，并可以有目的地从事设计工作。

学习重点

- iOS 系统控件的分类
- iOS 系统控件的设计规范
- Android 系统控件的分类
- Android 系统控件的设计规范

5.1 设计 iOS 系统控件

控件是用户可与之交互以输入或操作数据的对象，它通常出现在对话框中或工具栏上。iOS 为用户提供了大量控件，用户可以通过控件快捷地完成一些操作或浏览信息的界面元素。iOS 系统提供的控件默认支持系统定义的动效，外观也会随着高亮和选中状态的变化而变化。

5.1.1 活动指示器

活动指示器的主要作用是提示用户任务或过程正在进行中，如图 5-1 所示。

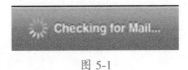

图 5-1

- 行为：活动指示器会在有任务正在进行时出现，任务完成后就会立刻消失。用户与活动指示器之间没有交互。
- 指南：当活动指示器展示在工具栏或主视图上时，说明当前有任务正在进行中。活动后指示器无法展示何时完成。

静止的活动指示器很容易让用户误认为进程停滞了，因此在制作时不要展示静止的活动指示器，而是要提醒用户进程在未停滞的时候再展示进程指示器。必要时可以调整活动指示器的尺寸和颜色。

5.1.2 日期和时间拾取器

日期和时间拾取器显示了日期和时间的内容，供用户选择时间的各个组成部分，包括分钟、小时、日期和年份，如图 5-2 所示。

图 5-2

- **行为**

日期和时间拾取器最多可以展示四个独立的滑轮，每一个滑轮展示一个类值，例如月、日、小时、分钟。用户可以通过拖动每个滑轮，直到想要的值出现在透明的选择栏下。每个滑轮上最终的值就成为拾取器的值。日期和时间拾取器的尺寸与 iPhone 键盘的尺寸是相同的。日期和时间拾取器的每一个滑轮展示一种状态数量，一共有四种状态，用于供用户选择不同的值。

- **指南**

用户可以使用日期和时间拾取器对包含多段内容的时间进行设计，例如日、月、年。因为每一部分的取值范围都很小，用户也猜得到接下来会出现什么，所以日期和时间拾取器操作起来非常简单。

有时可以合理地改变一下分钟滑轮的步长。当分钟轮处于默认状态时，通常展示为 60 个值（0～59）。当用户对时间的精准度没有太高的要求时，可以将分钟轮的步长设置得更大些，最高可达 60。例如对时间精准度要求是"刻"，就可以展示 0、15、30、45。在 iPad 上，日期和时间拾取器只在浮出层里展示，因为日期和时间拾取器不适合在 iPad 上全屏展示。

5.1.3　详情展开按钮

详情展开按钮的作用是展示与某个物体相关的详情或功能，如图 5-3 所示。

图 5-3

- **行为**

当用户按下详情展示按钮，可以看到与某个物体相关的额外信息和功能，这些额外信息和功能会呈现在一个独立的表格或视图中。

当详情展示按钮出现在表格视图的"行"中时，如果用户按住行的其他位置，只会选中行或者触发程序自定义的行为，细节展示按钮不会激活。

- **指南**

详情展示按钮通常用在表格视图里，用来引导用户查看更多与某项目相关的细节或功能，在制作的时候也可以将其使用在其他视图模式中。

5.1.4　信息按钮

信息按钮通常是在屏幕的背面展示，用来展示程序的配置，如图 5-4 所示。

图 5-4

- **行为**

iOS 有深色 i 浅色背景和浅色 i 深色背景两种信息按钮。当用户点击该按钮时，信息按钮就会自动发光闪一下，同时立刻有翻转屏幕展示背面等响应。

- **指南**

信息按钮可以展示配置详情或者选项，所以在制作时可以使用与界面风格最相符的信息按钮样式。

在 iPhone 上，使用信息按钮翻转屏幕，能够展示更多信息。通常情况下，屏幕的背后展示的信息不需要呈现在主界面上的配置选项。

➢ 避免在 iPad 上使用信息按钮翻转整个屏幕。使用信息按钮向用户展示可以进入包含更多信息的扩展视图。

5.1.5　标签

默认情况下，标签会使用系统字体，用于展示各种数量的静态文字，如图 5-5 所示。

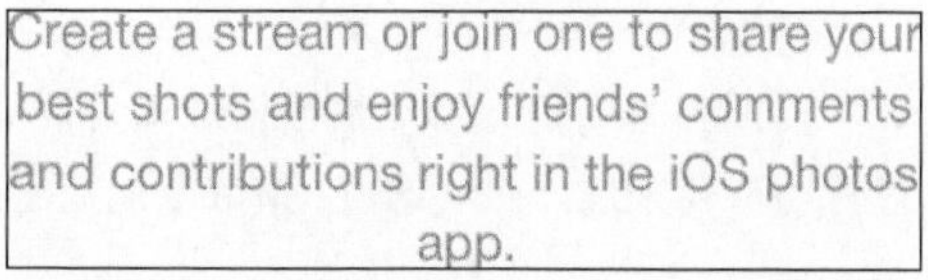

- **行为**

标签用于展示各种数量的静态文字。用户与标签不进行交互，但可以使用文本标签复制文本内容。

Create a stream or join one to share your best shots and enjoy friends' comments and contributions right in the iOS photos app.

图 5-5

- **指南**

可以使用标签命名或描述界面的某一部分，也可以为用户提供短消息。最好用标签来展示少量文本。尽量让制作的标签清晰可读。避免为了梦幻字体或炫目的色彩导致文字的清晰度大幅度降低。

5.1.6　网络活动指示器

网络活动指示器暗示网络活动正在进行中，通常在状态栏上，如图 5-6 所示。

图 5-6

- **外观和行为**

网络活动指示器在有数据传输时就会出现在状态栏上，当网络活动停止后就会消失。用户与网络活动指示器不交互。

- **指南**

当程序调用网络数据的时间稍长时，就应该展示网络活动指示器向用户反馈。如果数据传输很快会完成，就不用展示，因为用户可能还没发现它就消失了。

5.1.7　页码指示器

页码指示器可显示共有多少页视图和当前展示的是第几页，如图 5-7 所示。

图 5-7

- **行为**

一个圆点展示每一页视图的页码指示器，圆点的顺序与视图的顺序是一致的，发光的圆点就是当前打开的视图。

用户按下发光点左边或右边的点，就可以浏览前一页或后一页。每个圆点的间距是不可压缩的，竖屏视图模式下最多可以容纳 20 个点。即使放置了更多的点，多余的点也会被裁切掉。

- **指南**

使用页码指示器可以展示一系列同级别的视图。页码指示器不能帮助用户记录步骤和路径，如果要展示的视图间存在层级关系，就不需要再使用页码指示器了。页码指示器通常水平居中放置在屏幕底部，这样即使将其总放置在外面都不会碍眼。不要展示过多的点。在 iPad 上，应该考虑在同一屏幕上展示所有内容，iPad 的大屏幕不适于展示平级的视图，所以对页码指示器的依赖也较小。

5.1.8　拾取器

拾取器用来展示一系列供用户选择的备选值，用户通过滚动滑轮选择拾取器中的选项，如图 5-8 所示。

- **行为**

日期和时间拾取器也是由拾取器发展延伸而来的，用户可以通过拨动滑轮来选择想要的值。拾取器的尺寸在 iPhone 上与键盘一致。

- **指南**

拾取器在需要在一组值中做出选择时用起来比较简单。如果用

图 5-8

户对整组值的内容都有所了解，拾取器会更加适合，因为有很多值在任意时刻都是隐藏起来的，拾取器不适合对可选值不了解的用户使用。

如果需要展示的值数量较大时，使用表格比较方便，因为表格的高度比拾取器更高，更加方便滚动翻页。拾取器在 iPad 上使用时只适合在浮出层展示，不适合全屏展示。

5.1.9　进度指示器

进度指示器向用户展示能够预测完成度（时间、量）的任务或过程的完成情况，如图 5-9 所示。

图 5-9

- 行为

iOS 为用户提供两种样式非常相似，但高度有所差别的进度指示器。当进度指示器为默认样式时，它的颜色是白色的，适合用在程序的主内容区。 当进度指示器为栏样式时，比默认样式详细一些，颜色也是白色的，适合用在工具栏上。

进度指示器的槽在任务或过程进行中从左向右被逐渐填充，用户可以通过已填充和未填充部分间的比例知道任务或过程已完成了多少。用户与进度指示器之间没有交互。

- 指南

进度指示器是在可以预测总长度的任务或过程时提供的，用来向用户展示当前进度，特别是对于一些急切想知道任务大概还要用多少时间完成的用户。当用户看到进度指示器出现时，就知道任务还在进行中，这样用户就能决定是继续等待还是终止进程。

5.1.10　圆角矩形按钮

圆角矩形按钮用于执行特定的操作，如图 5-10 所示。

- 行为

按钮的圆角弧度与分组型表格的外角弧度是一致的，并且圆角矩形按钮的背景色在默认情况下是白色的。

Button

图 5-10

- 指南

使用圆角矩形按钮用于触发操作，制作时可以参考以下方式为按钮命名。

➤ 使用标题大写样式：除冠词、连词、介词外的词都大写，最多四个词。

➤ 避免标题太长：太长的词读起来太卡，用户不容易理解。

展示在圆角矩形按钮内的标题或图片也可以定义，或被按下后如何高亮反馈、标题的外观如何改变也可以定义。

5.1.11　范围栏

范围栏用来定义用户搜索的范围，并且在和搜索栏配合下才可以使用，如图 5-11 所示。

- 行为

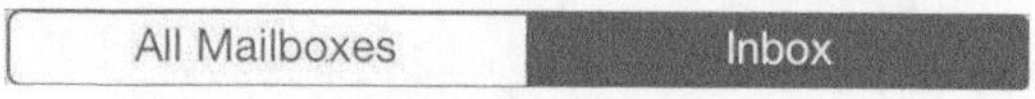

范围栏会紧挨着搜索栏出现在下面，如果用户使用的是搜索显示控制器（search display

| All Mailboxes | Inbox |

图 5-11

controler），范围栏不会出现，而横屏视图模式下范围栏会出现在搜索框的右侧。

如果想要切换搜索范围，可以单击范围栏上的按钮，外观会和搜索框的设置一致。

- 指南

当对用户想有明确或典型的分类搜索范围时，使用范围栏会比较方便一些。

5.1.12　搜索栏

搜索栏可以通过用户获得文本做筛选的关键字，如图 5-12 所示。

图 5-12

- 行为

搜索栏的外观看起来像圆角的文本框。搜索按钮在默认情况下放在搜索栏左侧，键盘会在用户单击搜索栏后自动出现，输入的文本会在用户输入完毕后按照系统定义的样子进行处理。

搜索栏还有以下一些可选的元素：

➢ 占位符文本：可以用来描述控件的作用（例如"搜索"）或者提醒用户在哪里搜索，例如"Baidu""taobao"等。

➢ 书签按钮：该按钮可以为用户提供便捷的信息输入方式。

书签按钮只有当文本框里不存在用户输入的文字或占位符以外的文字时才会出现，因为这个位置在有了用户输入的文字后，会放一个清空按钮。

➢ 清空按钮：大多数搜索栏都包含清空按钮，用户单击一下就能擦除搜索栏中的内容，清空按钮会在用户在搜索栏中输入任何非占位符的文字时出现。相反的，这个按钮在用户没有提供的非占位符的情况下会隐藏起来。

➢ 描述性标题：通常出现在搜索栏上面，有时是一小段用于提供指引的文字，有时会是一段介绍上下文的短语。

➢ 在 iOS 7 中，用户可以将搜索栏放进导航栏，如图 5-13 所示。

图 5-13

- 指南

用搜索栏来实现搜索功能，不要使用文本框。用户可以选择蓝色或黑色对搜索框进行自定义。

5.1.13　分段控件

分段控件像一条被分割成多段的按钮，每一段按钮都可以激活一种视图方式，如图 5-14 所示。

图 5-14

- 行为

分段控件的高度是固定的，长度由分段的数量决定。按照分段控件的比例规定每一段的宽度，取决于分段的总数，每一个分段在用户单击后会变成选中态。

- 指南

使用分段控件在应用中提供紧密相连又互斥的选项。

确保每一个选项都可以轻松触摸。在制作时需要限制段的数目，以便于将每一段尺寸维持在 44 像素 ×44 像素以上。分段控件在 iPhone 上最多可以分成 5 段。

因为所有段的宽度都是相同的，所以在制作时尽可能让每一段的标题一致。如果每一段上的文字标题长度、风格等不一致，会影响按钮的整体形象。

分段控件上面可以放文字，也可以放图标，但避免同时使用文字和图标。

5.1.14　滚动条

滚动条帮助用户在容许的范围内调整值或进程，如图 5-15 所示。

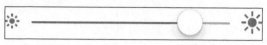

图 5-15

- 行为

完整的滚动条包含滑轨和滑块，以及可选的图片，可选图片用于传达左、右两端各代表什么。滑块的值会在用户拖曳滑块时连续变化。

- 指南

滚动条供用户精准地控制值，或者操控当前的进度。制作时，也可以在合适的情况下考虑自定义外观。例如可进行以下操作。

➤ 水平或者竖直地放置。

➤ 自定义宽度，以适应程序。

➤ 定义滑块的外观，以便用户迅速区分滑块是否可用。

➤ 通过在滑轨两端添加自定义的图片，让用户了解滑轨的用途。

5.1.15　切换器

切换器用于切换两种相反的选择或状态，如图 5-16 所示。

- 行为

切换器展示当前的激活状态，用户滑动（或单击）空间可以切换状态。

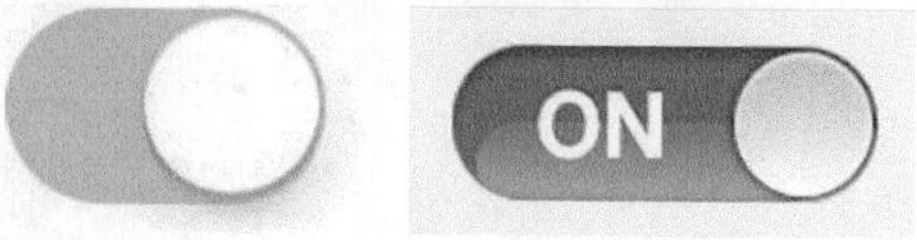

图 5-16

- 指南

在表格视图中展示两种如"是 \ 否""开 \ 关"的简单、互斥的选项。所选的两个值要可以预测才能让用户知道切换后的效果。

也可以使用切换控件改变其他控件的状态。新的表单项可能会根据用户的选择出现或消失、激活或失活。

5.1.16　文本框

文本框用于接受一行用户的输入，如图 5-17 所示。

- 行为

文本框有固定的高度。键盘会在用户按一下文本框后出现，文本框会在用户按下回车键后按照程序预设的方式处理输入的字符。

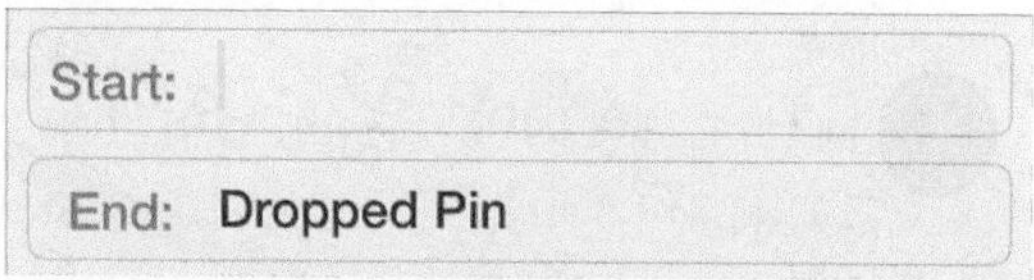

- 指南

用户使用文本框能获得少量信息。在用户决定使用文本框前先要确定是否有别的控件可以让

输入变得简单。

可以通过自定义文本框帮助用户理解如何使用文本框。例如，将定制的图片放在文本框某一侧，或者添加系统提供的按钮（比如书签按钮）。可以将提示放在文本框左半部，把附加的功能放在右半部。

在文本框的右端放置清空按钮。当清空按钮出现时，单击清空按钮可以清空文本框中的内容。

在文本框里放置提示语，帮助用户理解意图（如"姓名"或"地址"）。如果没有其他的文字可放，就可以放置提示语做占位符。

根据要输入的内容选择合适的键盘样式。键盘是主要的输入手段，随着用户的语言而变。iOS 提供几种不同的键盘，每一种都是为输入特定的内容而优化。

5.2 Android 控件设计

在 Android 系统中，有一套完整的 Android 控件，为用户提供了许多方便。包括选项卡、列表、网格列表、按钮、滚动、滑块、下拉菜单、文本输入、选择控件、反馈、对话框、选择器，如图 5-18 所示。

图 5-18

5.2.1　控件的分类

一套出色的 APP 控件库会有一个适合自己的设计原则，例如选项卡分固定选项卡和滚动选项卡，以及各种选项卡适合用在什么样的情况下等，下面为读者简单地介绍 Android 控件的分类。

- **选项卡**

操作栏中的选项卡可以帮助用户快速了解 Android APP 中的不同功能，或者浏览不同分类的数据集，如图 5-19 所示。

- **列表**

列表可以纵向展示多行内容，它通常被用作纵向排列的导航以及用来选取数据，如图 5-20 所示。

图 5-19　　　　　　　　　　　　　　　图 5-20

- **网格列表**

　　网格列表是替代标准列表的一种选择，用于展示图像数据，如图 5-21 所示。与普通列表相比，网格列表除垂直滚动外也可以水平滚动。

- **按钮**

　　按钮包括文字和图形，当用户触摸按钮后，会发出触发的行为信息。在 Android 中支持两种不同的按钮：基础按钮和无框按钮，这两种按钮都可以包含文字和图像，如图 5-22 所示。

图 5-21　　　　　　　　　　　　　　　图 5-22

- **滚动**

　　用户可以通过滑动的手势滚动屏幕以查看更多内容。滑动的手势越快，屏幕滚动得越快；反之，滑动的手势慢，屏幕滚动的速度也会减慢。

- **滑块**

　　一般从一段范围内进行选择时适合选用交互式滑块，左边放置最小值，右边放置最大值，如图 5-23 所示。例如，音量、亮度、强度等设置选用交互式滑块是最好的选择。

- **下拉菜单**

　　下拉菜单为用户提供了一个快速选择的方式，通过触摸下拉框展示所有可选内容，如图 5-24 所示。

- **文本输入**

　　当用户触摸一个文本输入的区域时，会自动放置光标，并显示键盘。文本输入可以输入单行也可以输入多行，如图 5-25 所示。

I'll be on my way then. see you tomorrow

图 5-23　　　　　　　　　图 5-24　　　　　　　　　图 5-25

除输入文本外，文本输入区域还可以选择文本（如复制、剪切和粘贴）和自动查找功能。

- **选择控件**

选择控件包含复选框、单选按钮和开关。

- **反馈**

当操作过程中需要花费一些时间时，需要提供正在进行的进程或者已经完成的视觉反馈，例如进度条，如图 5-26 所示。

图 5-26

- **对话框**

对话框的形式包括选择、确定、取消和要求用户调整设置或输入文本，在 APP 需要用户确定是否继续或更多信息任务后才能继续的时候，可以使用对话框，如图 5-27 所示。

- **选择器**

选择器是以一个简单的方式从一定范围内选择一个值。用户可以通过触摸向上向下箭头按钮、向上向下滑动的手势或键盘输入进行值的选择，如图 5-28 所示。

图 5-27

图 5-28

5.2.2　控件的设计规范

在了解了控件的分类之后，下面对设计制作 APP 控件的一些设计要求和规范进行介绍。

- **选项卡设计**

Android APP 的选项卡可以分为滚动选项卡、固定选项卡和堆叠选项卡 3 类。

（1）滚动选项卡

滚动选项卡是通过左右横滑来操控的，它比普通选项卡控件包含的项目更多，例如 Android

市场，如图 5-29 所示。

（2）固定选项卡

固定选项卡中显示所有项目，通过单击选项标签即可进行导航切换，例如 You Tube，如图 5-30 所示。

图 5-29

图 5-30

Android APP 中的固定选项卡与主题相似，分为浅色和深色两种，如图 5-31 所示。

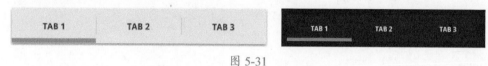
图 5-31

（3）堆叠选项卡

在一个 APP 中，如果导航选项卡是必不可少的，可以堆叠一个单独的操作选项卡，这样有利于在较窄的屏幕中快速切换，如图 5-32 所示。

- **列表设计**

（1）章节分隔

使用章节分隔的方式将内容分组，这样组织的内容便于扫描。

（2）行

列表的基本单位为行，其中可以容纳不同的数据组织形式，包括单行、多行、复选框、图标和操作按钮，如图 5-33 所示。

图 5-32

图 5-33

- **网格列表设计**

网格里的对象由两个方面构成，一个是滚动方向，另一个是排列顺序，滚动方向决定了网格的组织顺序。

在网格列表中，通过显示一部分内容的方式，告诉用户哪边是滚动方向，避免在水平和垂直两个方向都滚动。

（1）水平滚动

水平滚动的网格列表排列顺序为：先从上到下，再从左到右，如图 5-34 所示。

显示列表时，切断右边缘的内容，只显示一部分，让用户清晰地知道水平滚动向右可以看到更多内容，旋转屏幕后也要以相同的方式显示内容。

（2）垂直滚动

垂直滚动的网格列表与水平滚动相比，排列顺序略有不同，垂直滚动是按照西方的阅读方式进行的排序：先从左到右，再从上到下，如图 5-35 所示。

显示列表时，同样使用切断底部内容的方法暗示用户正确的滚动方向。

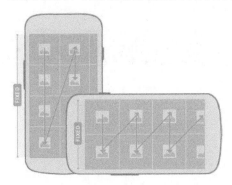
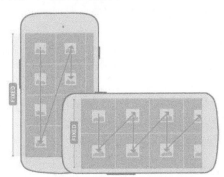

图 5-34　　　　　　　　　　　　　　　　　图 5-35

提示：一个 APP 中，如果使用了滚动选项卡，需要与垂直网格滚动列表配合使用；如果与水平滚动列表配合使用，两者会发生冲突。

如果网格内容有需要附加的消息，可以通过标签来显示。标签可以通过半透明的面板覆盖在内容上来展示，如图 5-36 所示。这样可以很好地控制背景与标签之间的对比，使标签在很亮的背景下也能清晰地显示出来。

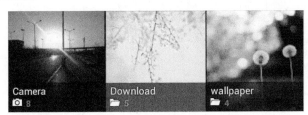

图 5-36

- **按钮设计**

（1）基础按钮

基础按钮是传统的带边框与背景色的按钮。在 Android 系统中，基础按钮有两种样式，分别是默认按钮和小按钮。

默认按钮的字体较大，适合用在内容框外；小按钮的字体较小，适合与内容一起显示，如果按钮需要与其他 UI 元件对齐时，需要使用小按钮，如图 5-37 所示。

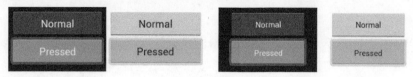

图 5-37

（2）无边框按钮

无边框按钮和基础按钮类似，但无边框按钮没有边界与背景，它还可以同时带有图标和文本，如图 5-38 所示。无边框按钮能够与其他内容很好地融合，在视觉上要比基本按钮更加轻巧。

- 滚动设计

（1）滚动提示

滚动时需要展示一个提示，告诉用户此时显示内容在全部内容的哪个位置，不滚动时隐藏滚动提示，如图 5-39 所示。

图 5-38

图 5-39

（2）索引滚动

除传统滚动外，带有字母列表的索引滚动也是一个快速找到目标对象的方法。索引滚动在用户不滚动屏幕时也能够看到滚动提示，触摸或拖动滚动条显示现在位置的字母，如图 5-40 所示。

- 下拉菜单设计

下拉菜单是一种非常有用的选取数据的形式。它既是简单的数据输入，又可以与其他控件很好地融合在一起使用。

例如，添加联系人的时候，在输入框内输入联系人的电话，使用下拉菜单可以选择手机、住宅电话或单位传真等，如图 5-41 所示。

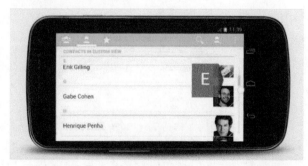

图 5-40

图 5-41

下拉菜单还可以用在操作栏内切换视图，例如，使用下拉菜单以允许账户或常用分类之间进行切换。

 提示：下拉菜单在切换 APP 视图中很有用，但重要的切换内容还是要使用选项卡来切换。

- **文本输入设计**

文本输入可以有数字、信息或电子邮件等不同的类型，不同的输入类型决定了文本输入的字符类型，而字符类型又决定了虚拟键盘。

文本输入为单行输入区域时，输入到文本框边缘要自动将内容往左边滚；为多行输入区域时，输入到文本框的边缘要自动换行。

如果用户要选择一段文本，可以长按文本中的内容。这个操作会触发文本的选择模式，用于扩展的选择或操作选定的文本。

- **选择控件设计**

（1）复选框

通过复选框，用户可以在一组中选择多个选项，如图 5-42 所示。但需要注意不要使用复选框进行开关操作。

（2）单选按钮

单选按钮适用于用户需要看到所有选项的情况，如图 5-43 所示。如果不需要看到所有选项，最好选用下拉菜单。

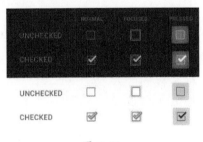

图 5-42

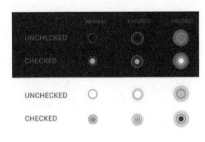

图 5-43

（3）开关

开关可以从两个相反的选择状态中切换，用户可以通过单击（滑动）开关来切换状态，如图 5-44 所示。

图 5-44

- **反馈设计**

（1）进度条

使用进度条可以告诉用户已经完成的百分比，如图 5-45 所示。进度条的设计一般从 0% 到 100%，要避免将进度条设定到一个更低的值或者使用一个进度条代表多个进程。

如果不确定一个进程需要多长时间，可以使用一个不确定的进度条来表示，如图 5-46 所示。

图 5-45   图 5-46

（2）活动

对于一个不知道要持续多久的进程，可以使用一个不确定的进度指标，如图 5-47 所示。根据不同的空间可以选择不确定的进度条或者进度圈来表示，如图 5-48 所示。

图 5-47

图 5-48

● **对话框设计**

对话框设计包含标题区（可选）、内容区域和操作按钮。标题是显示这个对话框是关于什么的，例如，它可以是一项设置的名称等。

内容区域显示对话框的内容，对于设置对话框，内容区域的内容可以帮助用户改变 APP 的属性或者系统设置的元素，包括文本框、复选框、单选按钮、滑块等。操作按钮通常是指确定和取消，按钮的设置要遵循以下原则：否定的操作按钮在左边，肯定的操作按钮在右边。

（1）弹出窗口

弹出窗口与对话框相比，它只要求用户选择其中的一个，且不需要确定与取消按钮，用户只需要从众多的选项中选取一个选项，单击弹出窗口以外的地方即可离开该窗口，如图 5-49 所示。

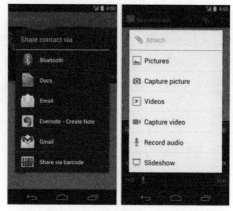

图 5-49

（2）警报

警报以对话框的形式出现，但需要获得用户的批准才能进行下去。警报分不带标题和带标题两种形式，如图 5-50 所示。

大部分的警报都不需要标题，通常情况下，这种警报在用户决定之后不会有严重影响，并可以用简洁的语言总结清楚。

带标题的警报只有在可能引致数据丢失、连接、收取额外费用等高风险操作时才会使用，而且标题需要一个明确的问题，在内容区域附加一些解释，如图 5-51 所示。

（3）信息提示条

它是一个操作以后的及时反馈，会在几秒之后自动消失。例如，当从编辑短信页面跳转到其他页面时，会弹出"信息已存为草稿"的信息提示条，之后用户还可以回到编辑页面继续编辑它，如图 5-52 所示。

图 5-50　　　　　　　　图 5-51　　　　　　　　图 5-52

- **选择器设计**

在设计选择器的时候需要考虑空间的问题，虽然选择器可以内嵌在一个形式里，但它占的空间相对较大，所以最好把它放在一个对话框内。

对于内嵌在一个形式里的选择器，可以考虑使用更为紧凑的空间，如下拉菜单或文本输入。

在 Android 系统中，提供了选择日期和时间的选择器对话框。日期选择器用于输入年、月、日，时间选择器用于输入小时、分钟、上午或下午，如图 5-53 所示。

图 5-53

5.3　课堂练习——制作文本编辑器

了解了 iOS 系统和 Android 系统的基本结构和图形后，大家应该对于手机 UI 的基本框架有所了解。下面通过绘制一个应用到 iOS 系统的播放器程序界面系统地将所学的内容总结一下。

5.3.1　案例分析

案例特点：界面中有很多样式相同的按钮。制作时要注意区分选中按钮和未选中按钮质感的刻画。此外，界面下方的图标也是重点，如果觉得使用路径操作麻烦，请直接使用图层。

制作思路与要点：本案例中制作文本编辑器的各种控件。需要注意如何实现按钮的不同状态。

渲染风格	极度逼真
尺寸规格	640 像素 ×1136 像素
源文件地址	源文件 \ 第 5 章 \ 案例 9.PSD
视频地址	视频 \ 第 5 章 \ 案例 9.SWF

色彩分析：界面中的颜色很少，蓝色主要用来区分不同的功能区和按钮，绿色用来强调操作重点。

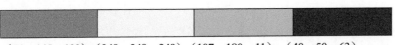

（54，145，190）（248，248，248）（107，190，11）　（40，50，63）

5.3.2　制作步骤

01 执行"文件 > 新建"命令，新建一个空白文档，如图 5-54 所示。为画布填充黑色，并打开素材图像"第 5 章 \ 素材 \006.jpg"，将其拖入设计文档中，适当调整位置，如图 5-55 所示。

图 5-54

图 5-55

02 在状态栏下方创建一个"半径"为 10 像素的圆角矩形，如图 5-56 所示。再使用"矩形工具"绘制一个任意颜色的矩形，按快捷键 Ctrl+Alt+G 将其剪切至图 5-57 所示的形状，这是标题栏的区域。

图 5-56

图 5-57

03 为该形状添加"渐变叠加"样式，在"图层样式"对话框中设置参数，如图 5-58 所示。继续在"图层样式"对话框中选择"投影"选项设置参数，如图 5-59 所示。

图 5-58

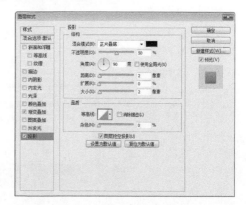

图 5-59

04 单击"确定"按钮，为标题栏增加了质感效果如图 5-60 所示。载入"圆角矩形 1"的选区，

新建图层，填充白色，并设置其"不透明度"为50%，效果如图5-61所示。

⑤ 为该图层添加蒙版，然后将选区向下移动2像素，为蒙版填充黑色，制作出标题栏的高光，如图5-62、图5-63所示。

⑥ 使用相同的方法完成相似内容的制作，如图5-64所示。在"圆角矩形1"上方新建图层，创建选区，并填充颜色RGB（44、54、66），效果如图5-65所示。

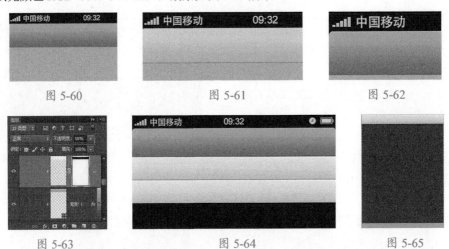

图 5-60　　　　　图 5-61　　　　　图 5-62

图 5-63　　　　　图 5-64　　　　　图 5-65

⑦ 将该图层转换为智能对象（这是为了方便随时修改参数），执行"滤镜>杂色>添加杂色"命令，为画布添加杂点，如图5-66所示。画布的效果如图5-67、图5-68所示。

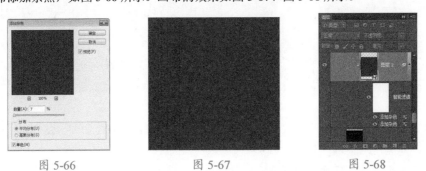

图 5-66　　　　　图 5-67　　　　　图 5-68

⑧ 在杂色背景中创建一个"填充"为 RGB（248，248，250）的圆角矩形，如图5-69所示。为该形状添加"投影"样式，在"图层样式"对话框中设置参数值，如图5-70所示。

图 5-69

图 5-70

⑨ 设置完成后得到文本框的投影效果，如图 5-71 所示。使用"直线工具"分别绘制白色和 RGB
（6，52，67）的线条，将下方的色块分成 4 个按钮，如图 5-72 所示。

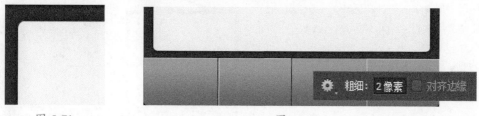

图 5-71   图 5-72

⑩ 沿着第 3 个按钮创建选区，并新建图层，填充任意色，如图 5-73 所示。打开"图层样式"对话框，
选择"渐变叠加"选项设置参数值，如图 5-74 所示。

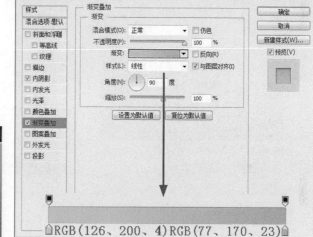

图 5-73   图 5-74

⑪ 继续在对话框中选择"内阴影"选项设置参数值，如图 5-75 所示。设置完成后得到按钮选中
的效果，如图 5-76 所示。

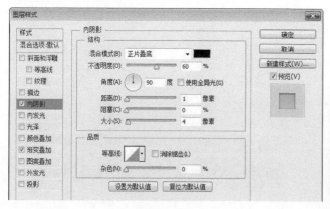

图 5-75   图 5-76

⑫ 分别对相关图层进行编组，完成该界面框架的制作，如图 5-77、图 5-78 所示。

⑬ 使用"圆角矩形工具"绘制一个任意颜色的圆角矩形，如图 5-79 所示。打开"图层样式"对话框，选择"渐变叠加"选项设置参数值，如图 5-80 所示。

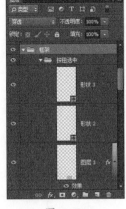

图 5-77　　　　　　　　　图 5-78

图 5-79

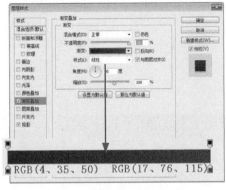

图 5-80

⑭ 继续选择"投影"选项设置参数值，如图 5-81 所示。设置完成后得到按钮底座的效果，如图 5-82 所示。

⑮ 复制该圆角矩形，清除图层样式，并将其等比例缩小一些，如图 5-83 所示。使用"矩形选框工具"框选中间的部分，然后为该图层添加蒙版，效果如图 5-84 所示。

⑯ 为该形状添加"渐变叠加"样式，在"图层样式"对话框中设置参数，如图 5-85 所示。设置完成后得到按钮的效果，如图 5-86 所示。

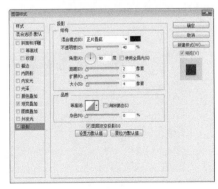

图 5-81

图 5-82

图 5-83

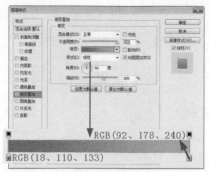

| 图 5-84 | 图 5-85 | 图 5-86 |

⑰ 载入该形状的选区，新建图层，填充白色，并设置其"不透明度"为50%，如图5-87、图5-88所示。

⑱ 使用"矩形选框工具"沿着按钮上方创建选区，并为该图层添加蒙版，制作出高光，如图5-89所示。新建图层，使用"直线工具"绘制出另一侧的高光，如图5-90所示。

⑲ 使用相同的方法复制调整出完整的按钮组，如图5-91所示。然后将相关图层编组，并重命名为1，如图5-92所示。

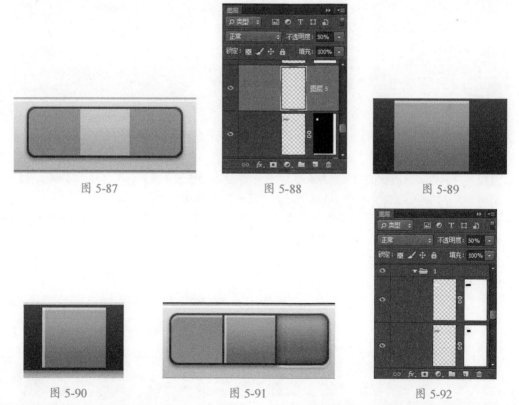

图 5-87   图 5-88   图 5-89

图 5-90   图 5-91   图 5-92

⑳ 使用相同的方法制作出其他按钮，如图5-93所示。然后将所有的按钮编组，并重命名为"按钮"，如图5-94所示。

㉑ 使用前面讲解过的方法制作如图5-95所示的矩形。分别使用"圆角矩形工具"和"矩形工具"组合绘制出图5-96所示的形状，"填充"为RGB（220，230，242）。

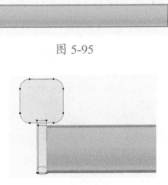

图 5-93　　　　　图 5-94　　　　　图 5-96

㉒ 为该图层添加"斜面和浮雕"样式，在"图层样式"对话框中设置参数，如图 5-97 所示。继续在对话框中选择"投影"选项设置参数值，如图 5-98 所示。

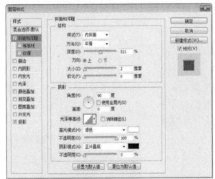

图 5-97　　　　　　　　　　　　图 5-98

㉓ 设置完成后得到该形状的效果，如图 5-99 所示。使用"椭圆工具"，以"合并形状"模糊绘制 9 个大小相同的正圆，如图 5-100 所示。"填充"为 RGB（180，194，202）。

㉔ 打开"图层样式"对话框，选择"内阴影"选项设置参数值，如图 5-101 所示。使用前面讲解过的方法制作出凹槽的高光，如图 5-102 所示。

㉕ 使用相同的方法制作出完整的文字选取控件，如图 5-103 所示。然后将相关图层编组为"选中"，如图 5-104 所示。

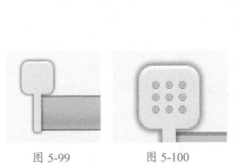

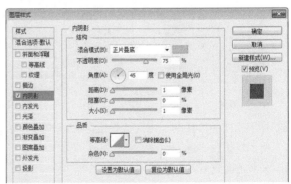

图 5-99　　　　图 5-100　　　　　　图 5-101

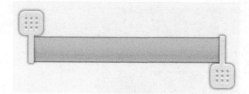

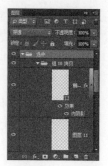

图 5-102　　　　　　　　　　图 5-103　　　　　　　　　　图 5-104

㉖ 使用相同的方法完成菜单的制作。打开"字符"面板，适当设置字符属性，如图 5-105 所示。然后在菜单上输入相应的文字，如图 5-106 所示。

图 5-105　　　　　　　　图 5-106

㉗ 使用相同的方法制作出界面中的其他文字和图标，得到界面的最终效果，如图 5-107 所示。该文档"图层"的面板如图 5-108 所示。

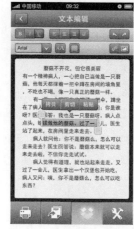

图 5-107　　　　　　　　图 5-108

㉘ 隐藏背景图层，使用"矩形选框工具"框选标题栏左侧的圆角部分，如图 5-109 所示。执行"编辑>合并拷贝"命令，再执行"编辑>新建"命令，新文档的尺寸会自动跟踪选区的大小，如图 5-110 所示。

图 5-109　　　　　　　　图 5-110

㉙ 按快捷键 **Ctrl+V** 将复制的图像粘贴到新文档中，如图 5-111 所示。执行"文件 > 存储为 Web 所用格式"命令，在弹出的"存储为 Web 所用格式"对话框中适当设置参数值，如图 5-112 所示。并单击"存储"按钮将其存储，如图 5-113 所示。

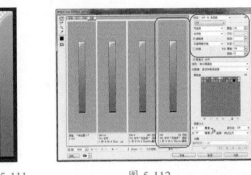

图 5-111　　　　　　　　　图 5-112　　　　　　　　　　　　　图 5-113

㉚ 使用"矩形选框工具"创建如图 5-114 所示的 1 像素宽度的选区。将其合并复制，并粘贴到新文档中，如图 5-115 所示。执行"文件 > 存储为 Web 所用格式"命令，对其进行优化存储，如图 5-116 所示。

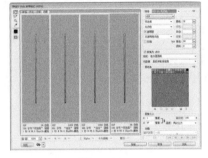

图 5-114　　　　　　　　图 5-115　　　　　　　　图 5-116

㉛ 按下 **Alt** 键单击图层组 8 前面的眼睛图标，将其他的图层隐藏，如图 5-117、图 5-118 所示。

㉜ 执行"编辑 > 裁切"命令，裁掉画布周围的透明像素，如图 5-119、图 5-120 所示。

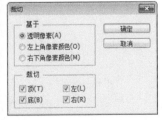

图 5-117　　　　　　图 5-118　　　　　　图 5-119　　　　　　图 5-120

㉝ 执行"文件 > 存储为 Web 所用格式"命令，对图像进行优化存储，如图 5-121 所示。设置完成后单击"存储"按钮，将图像存储，如图 5-122 所示。

㉞ 使用相同的方法对其他部分进行切片存储，如图 5-123 所示。

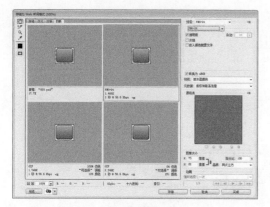

图 5-121

图 5-122

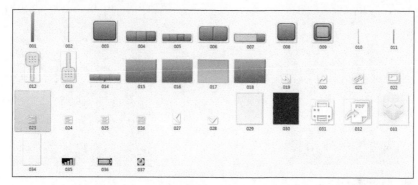

图 5-123

5.4 课堂提问

通过学习以上章节的内容，读者除了要清楚 iOS 系统和 Android 系统中控件的不同分类外，还要掌握不同系统中控件的制作规范。

5.4.1　问题 1——设计手机 UI 中控件的要点

控件通常出现在系统界面的对话框中或工具栏上，它的作用一般是实现用户可与远端服务器交互以输入或操作数据的对象。

控件是用户交互的主要手段，所以在设计控件时要考虑控件的易操作性，方便快捷的操作可以吸引用户继续访问。同时一个美观且醒目的按钮也是用户操作的向导。

5.4.2　问题 2——如何实现控件的交互设计

通常控件都伴随着用户和手机的交互。为了更好地突出交互效果，这种控件一般都是采用触控的动画效果。在制作时除了要设计正常情况的效果，还要分别设计其他几个状态的效果，并且在切片输出时输出为不同文件，例如滑过和按下效果，如图 5-124 所示。

图 5-124

5.5 课后练习——绘制 Android 锁屏界面

掌握了本章的学习内容后，可在课后完成 Android 系统锁屏界面的制作。案例的具体制作步骤如图 5-125 所示。

渲染风格：	扁平化
尺寸规格：	640 像素 ×1136 像素
源文件地址：	源文件 \ 第 5 章 \ 案例 10.PSD
视频地址：	视频 \ 第 5 章 \ 案例 10.SWF

图 5-125

06

第6章
手机 UI 中的图片和文字

本章简介

在手机 UI 设计中都会使用图片和文字。而且不同的系统对于图片的大小和文件存储格式都有严格的要求。这是保证用户在使用 APP 程序时获得满意的用户体验。在本章中将分别针对 iOS 系统和 Android 系统中图片的使用和文字的排版要求进行介绍，并对两种系统中常用的特效进行分析，帮助读者快速掌握手机 UI 设计中的图片和文字处理技巧。

学习重点

- iOS 系统中的图片
- iOS 系统中的文字排版
- iOS 系统中的特效处理
- Android 系统中的图片和文字
- Android 系统中的特效处理

6.1 iOS 系统中的图片

iOS 程序设计中的图片的设计是极其讲究的，不仅要有高清晰的分辨率，还要尽量保持将图片的所占空间大小降到最小。这样才可以在获得好的显示效果的同时又不会因为图片所占内存较大而导致登录速度缓慢。

6.1.1 登录图片

登录图片不是为了给用户留下美观的印象，而是为了让用户觉得程序启动迅速，使用灵活，所以设计的登录图片要朴素，例如，iPhone Setting 的登录图片只有程序背景，因为里面的内容都是不停变化的，如图 6-1 所示。

iPhone Stocks 的登录图片只有静态背景，因为只有这些是恒定不变的，如图 6-2 所示。

图 6-1

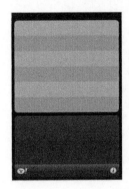
图 6-2

用户经常会在程序间切换，所以要将登录时间尽量缩短，提供登录图片就可以缩短等待时间的主观体验。如果元素会在第一帧旋绕出来后有变化，不要将其放置在登录图片中，因为这样用户就不会察觉到登录图片和第一帧之间的切换。

不同设备合适的尺寸如下。

- iPhone 和 iPod touch。
  - ➢ 320 像素 ×480 像素
  - ➢ 640 像素 ×940 像素（高分辨率）
- iPad
  - ➢ 竖屏：768 像素 ×1004 像素
  - ➢ 横屏：1024 像素 ×748 像素
  - ➢ 最好准备好各方向的登录图片。

6.1.2 Retina 屏幕设计要求

Retina 液晶屏允许展示高精度的图标和图片。应该利用已有的素材重新制作大尺寸、高质量的版本，而不是将已有的画作放大，这样就会错失提供优美、精致图片的机遇。

遵照下列指南，就可以设计出优秀的 Retina 屏幕显示画作。

- **纹理丰富**

  在高精度版的 Settings 和 Contacts 当中，可以看到铁盒纸张的纹理清晰可见，如图 6-3 所示。

- **更多细节**

  在高精度版的 Safari 和 Notes 当中，可以看到更多的细节，例如指针后的刻度和上一张纸撕掉后残留的痕迹，如图 6-4 所示。

图 6-3

图 6-4

- **更加真实**

  高精度版的 Compass 和 Photos 图标通过增加丰富的纹理和细节，变得像真的指南针和照片，如图 6-5 所示。

图 6-5

即使栏上的图标比程序或者文档图标简单，也可以在高分辨率版本上增加细节。例如，iPad 里面的艺术家图标是一个歌手的侧面剪影，高分辨率版本的图标看起来和原版本一样，但增加了很多细节。设计高分辨率图标时要掌握如下技术。

- **原图片放大至 200%**

  使用缩放算法，这样即使原图不是矢量图形或带有图层样式的图像也很管用，最后获得的会是放大的、像素化的图片。可以在上面再添加更丰富的细节。这种方法可以节约工作量，保留原有的布局。如果图片是矢量版的，或者有图层效果，使用默认的算法缩放就可以了。

- **增加细节和深度**

  高分辨率版本给细节留下了很多发挥空间，从原来的 1 像素变成了现在的 4 像素，所以制作时不要急着去除一些细小的元素。

- **考虑修整放大的元素**

  如果原来的分割线是很细腻的 1 像素，放大后就会变粗，成为宽 2 像素。但是对于某些线和元素，在放大整体尺寸后还需要再锐化或者保留原有尺寸。

- **考虑为雕刻或投影等效果增加模糊**

  例如为文字添加雕刻效果，通常是把文字复制一次，然后移动 1 像素。放大之后，这个移位就会变成 2 像素，在高分辨率屏幕上看起来就太细腻了，不真实。为了优化效果，可以让移位保留在 1 像素，但是增加 1 像素的模糊来柔化雕刻效果。这仍然会导致 2 像素宽的效果，但是外面这层像素看起来仍然只有半像素宽，看起来更加舒服。

6.2 iOS 系统中的文字排版

在 iOS 系统中无论怎样排版都要确保文字的清晰易读。如果用户根本看不清界面当中的文案，那么文字本身再漂亮也没有意义。iOS 系统中常用的字体如图 6-6 所示。

iOS 当中的动态文字可以实现以下操作。

- 在每种字号下都可以自动调整文字的粗细、字间距和行高。
- 针对在语义上有所区别的文本模块，例如 Body、Footnote 或 Headline1 等，可以自动指定不同的文字样式风格。
- 文字可以根据用户在动态文字及可访问性设置当中指定的字号自动地调整。

iOS 系统的字体设计标准如下。

- 字体：黑体。
- **1.2 字体大小**
  - ➢ 88 像素 = 52 磅：用于客户名称。
  - ➢ 36 像素 = 20 磅：用于模块、栏目名称。
  - ➢ 28 像素 = 16 磅：用于正文。
  - ➢ 18 像素 = 12 磅：用于图标上的标签数字。
- 字体样式：普通、粗体。
- **1.4 文字颜色**
  - ➢ 编辑性文字：黑色 #000000。
  - ➢ 表头、栏目名称：深灰 #696969。
  - ➢ 提示性文字：灰色 #bebebe。
  - ➢ 选中、深色背景上的文字：白色 #ffffff。
  - ➢ 标题、不可编文字：蓝灰 #7c8692。
  - ➢ 选中、凸出的文字：红色 c11016。

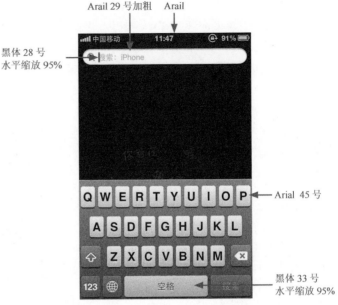

图 6-6

 提示：通常应该只使用一种字体应用全局，这种字体要包括它的几种不同风格样式。多种字体的混合使用会使应用界面看上去凌乱而草率。根据不同的语义用途，例如正文或标题，来定义不同文本区域的样式。

6.3 iOS 系统中的特效处理

iOS 系统的用户界面以其简洁漂亮的图标赢得了广大智能手机用户的喜爱。一个 iOS APP 除了使程序更加具象及更容易理解外，还要有更好的视觉效果，许多应用程序以抢眼的个性图标获得了用户的青睐。

程序图标不仅要实用，还要有精美华丽的外表方可引起用户的关注和下载，激发起用户点击的欲望。设计师在图形的构思上可以利用添加一些特殊的感觉效果处理，使程序有更强烈的视觉冲击力。

在 iOS APP 图标设计中，首先要解决的问题是直观，要在避免出现较多烦琐的修饰的基础上有很好的视觉表现力、使用户可以更容易理解此应用的实际作用、从而能够更轻松地识别该应用。

6.3.1　阴影和倒影

在不同设备的 iOS 系统桌面中，默认自带的修饰效果和图标的尺寸会有不同。"阴影和倒影"最常见的就是运用在 iOS 6 APP 中的程序图标制作中，如图 6-7 所示。

图 6-7

6.3.2　发光与描边

为图标或界面添加发光与描边效果会使原本单调的画面变得炫彩、夺目。一个应用程序完全可以利用能够引人注目的图标或界面赢得用户的认可，如图 6-8 所示。

6.3.3　模糊

iOS 7 的屏幕本身大致分为三个层次，最下面一层是非常清楚而且简单的屏幕背景，其次是中间的图标层，然后就是最上面的模糊层，如天气、控制中心或通知中心。这种设计使视觉效果及系统的复杂性大幅度增强，设计风格与之前截然不同。iOS 7 还采用了清晰的图标与模糊的背景之间的高反差设计来凸显更加分明的层次，如图 6-9 所示。

6.3.4　折角效果

如果 iOS 程序定义了文档类型，在制作时应定制一款文档图标来识别。如果设计师在制作时没有提供定制文档图标，iOS 系统就会把程序图标改一下用作默认的文档图标。由系统自动生成的文档图标通常都会为图标添加折角效果，如图 6-10 所示。

图 6-8

图 6-9

图 6-10

6.4 Android 系统中的图片

图片的格式有很多种，但在 Android 系统中用户只可以选择 JPEG 和 PNG 两种图片格式。

- JPEG：照片的标准格式，不支持透明。
- PNG：JPEG 和 GIF 的结合，具有 JPG 图片的质量和 GIF 的透明度，而且没有锯齿。

图片的大小和图片的质量是决定其用户的决定因素。一般 PNG 格式的图片大小是几百 KB，而 JPEG 图片只有几十 KB。JPEG 的颜色更丰富，更饱和；PNG 看起来则没有那么丰富。

根据不同的应用需求给出以下建议：如果不需要保存图片的透明背景且图片需要保存图像质量、色彩以及饱和度，可以选择 JPEG 格式的图片。如果需要图片具有透明效果且对于色彩和饱和度没有过高要求时，可以选择 PNG 格式的图片。

6.5 Android 系统中的字体

Android 的设计语言依赖于传统排版，如大小、节奏、空间等，为了更好地支持排版，Android 3.0 设置了一款新的字体——Roboto，如图 6-11 所示。

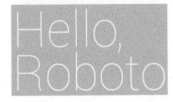

这款字体是专门为高分辨率屏幕下的 UI 设计的，目前 TextView（文本框）的框架默认支持的常规为粗体、斜体和粗斜体，如图 6-12 所示。

图 6-11

Roboto Regular	Bold	Italic	Bold Italic
ABCDEFG HIJKLMN	ABCDEFG HIJKLMN	ABCDEFG HIJKLMN	ABCDEFG HIJKLMN
OPQRST UVWXYZ	OPQRST UVWXYZ	OPQRST UVWXYZ	OPQRST UVWXYZ
abcdefg hijklmn	abcdefg hijklmn	abcdefg hijklmn	abcdefg hijklmn
opqrst uvwxyz	opqrst uvwxyz	opqrst uvwxyz	opqrst uvwxyz
#0123456789	#0123456789	#0123456789	#0123456789

图 6-12

在 Android 中 UI 使用的默认颜色样式为 text Corlor Primary 和 text Color Secondary；浅色主题使用的默认颜色样式为 text Color Primary Inverse 和 text Color Secondary Inverse。文本框架中的文本颜色同样支持使用时不同的触摸反馈状态。

Android 框架中使用的文本大小标准，合理利用字体的大小可以创建有趣、有序、易于理解的布局，需要注意的是不要使用太多不同大小的字体，否则会使整个界面变乱，如图 6-13 所示。

Text Color Primary Dark	
Text Color Secondary Dark	
Text Color Primary Light	
Text Color Secondary Light	

Text Size Micro	12sp
Text Size Small	14sp
Text size medium	16sp
Text Size Largentina	18sp

图 6-13

Android 系统的字体设计标准如下。

- 字体：Rotobo。
- 字体大小：限用以下字号。

12sp	Text Sise Micro	14sp	Text Sise Small
18sp	Text Sise Medium	22sp	Text Sise Large

- Android 字体单位 sp 与像素的转换。

ppi = √（长度像素数 /2 + 宽度像素数 /2）/ 屏幕对角线英寸数

px = sp×ppi/160

Android 规范字号的近似用法如下。

规范字号	物理高度（mm）	印刷字号（mm）
12	1.91	1.84（七号）
14	2.22	2.46（小六号）
18	2.86	2.8（六号）
22	3.49	3.68（五号）

6.6 Android 系统中的特效处理

要制作一款能吸引用户眼球的程序除了使程序更加具象及更容易理解的作用外，还要有更好的视觉效果，还要有足够美观的视觉效果，才能够引诱用户点击下载制作的程序。而想要制作的程序更美观，就要借助特效处理来完成程序的美化效果。

6.6.1 投影和阴影

投影和阴影效果可以为看起来扁平的图像添加立体效果，如图 6-14 所示。在本章的前一节中为读者介绍了许多浮于某个界面上的控件，例如选择器、对话框、滑块等。在这些控件弹出于某个

图 6-14　　　　　　　　　图 6-15

页面上时，伴随的背景带有投影和阴影效果，如图 6-15 所示。

6.6.2 发光和光泽

为图形添加发光效果，可以使一个看起来平淡朴素的图像变得更加华丽、引人注目，在 Android APP 中，这种修饰手法在许多小控件中使用普遍，如图 6-16 所示。在一些操作界面中，通过拖动或点击，闪现出发光效果，如图 6-17 所示。

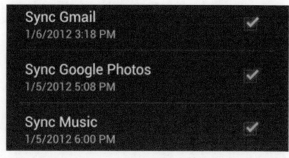

图 6-16

图 6-17

6.6.3 边框

当想要展示的内容较为零散，或者想要让展示的内容更突出，就有必要为显示的内容添加边框，这样会使零散的内容聚集起来，使用户能够对你想要展示的内容一目了然，如图6-18所示。

图 6-18

6.7 课堂练习——制作邮件浏览界面

通过对以上基础知识的学习与了解，相信读者对 iOS 系统有了初步的认识与了解，接下来通过一个 iOS 7 风格界面的设计与制作，继续加深读者对 iOS 界面和元素的制作与设计的了解。

6.7.1 案例分析

案例特点：本案例制作的是当前较流行的扁平化风格 UI 界面，界面中使用的图层样式只是一些简单的投影与阴影效果。

制作思路与要点：本案例中的许多界面图形元素是通过规则图形的加减法运算或使用钢笔工具纯手工绘制而成，这就需要 UI 设计师具有一定的手绘功底。

渲染风格：	扁平化
尺寸规格：	640 像素 ×1136 像素
源文件地址：	源文件 \ 第 6 章 \ 案例 11.PSD
视频地址：	视频 \ 第 6 章 \ 案例 11.SWF

色彩分析

深浅搭配的紫色主题颜色，营造出一种神秘莫测的高贵气氛，添加白色的文字，添加一丝轻快感与活跃感，小范围的浅红色、橘黄色与亮黄色，更活跃和丰富了页面气氛。

（52，41，58）　（255，76，101）　（227，125，31）　（255，203，76）

6.7.2 案例分析

01 执行"文件 > 新建"命令，弹出"新建"对话框，新建一个空白文档，如图6-19所示。使用"油漆桶工具"为画布背景色为 RGB（52，41，58），如图 6-20 所示。

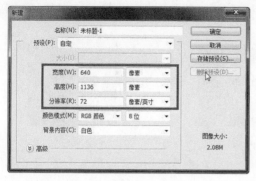

图 6-19

图 6-20

02 使用"矩形工具"在画布顶部创建"填充"为 RGB（69，58，75）的形状，如图 6-21 所示。选择"椭圆工具"，按下 Shift 键的同时，在画布右上角单击并拖动鼠标，创建白色正圆，如图 6-22 所示。复制该形状，并将其水平拖移至合适的位置，如图 6-23 所示。

03 使用相同的方法复制并拖动形状，如图 6-24 所示。选择"椭圆 1 拷贝 3"和"椭圆 1 拷贝 4"，在选项栏修改形状"填充"为"无"、"描边"为白色，如图 6-25 所示。

图 6-21

图 6-22

图 6-23

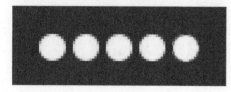

图 6-24

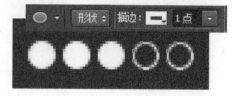

图 6-25

04 将所有椭圆编组，重命名为"信号"，如图 6-26 所示。打开"字符"面板设置参数值，并在画布中输入相应文字，如图 6-27、图 6-28 所示。

图 6-26

图 6-27

图 6-28

05 使用"钢笔工具"在画布中绘制白色的形状，如图 6-29 所示。设置"路径操作"为"合并形状"，在形状中绘制，如图 6-30 所示。继续以"合并形状"模式绘制形状，得到 wifi 图标，如图 6-31 所示。

图 6-29

图 6-30

图 6-31

06 使用"圆角矩形工具"在画布中创建圆角矩形框，如图 6-32 所示。使用"圆角矩形工具"在圆角矩形框内创建白色矩形，如图 6-33 所示。

图 6-32

图 6-33

07 在弹出的"属性"面板设置参数，如图 6-34 所示。矩形效果如图 6-35 所示。使用"椭圆工具"创建白色形状，如图 6-36 所示。

图 6-34

图 6-35

图 6-36

08 选择"矩形工具"，设置"路径操作"为"减去顶层形状"，减去椭圆中不需要的部分，如图 6-37 所示。将相关图层编组，重命名为"电量"，如图 6-38 所示。

图 6-37

图 6-38

09 使用相同的方法完成相似的制作，得到状态栏效果，如图 6-39 所示。

图 6-39

⑩ 使用"椭圆工具"创建"填充"为 RGB（186，174，195）的正圆，如图 6-40 所示。设置"路径操作"为"减去顶层形状"，在图像中心绘制，如图 6-41 所示。选择"矩形工具"，设置"路径操作"为"合并形状"，绘制矩形，如图 6-42 所示。

图 6-40

图 6-41

图 6-42

提示：形状加减快捷方式。按 Shift 键的同时在形状中单击并拖动鼠标，可以以"合并形状"模式绘制图形；按 Alt 键的同时在画布中单击并拖动鼠标，可以以"减去顶层形状"模式绘制图形，按 Shift 键的同时在画布中单击并拖动鼠标，以"与形状区域相交"模式绘制图形。

⑪ 双击该图层缩览图，在弹出的"图层样式"对话框中选择"外发光"选项设置参数值，如图 6-43 所示。设置完成后单击"确定"按钮，得到的图像效果如图 6-44 所示。

图 6-43

图 6-44

⑫ 使用"椭圆工具"在画布中创建"填充"为"无"，"描边"为 RGB（186，174，195）的正圆，如图 6-45 所示。选择"矩形工具"，设置"路径操作"为"合并形状"，在图像中绘制形状，如图 6-46 所示。按 Ctrl+T 组合键，旋转该矩形，如图 6-47 所示。

提示：使用"直接选择工具"选择该矩形路径，按快捷键 Ctrl+T，在选项栏中会显示变换控件数值，直接在"旋转"后面的框中输入 45 并按 Enter 键，即可以标准角度旋转图像。

图 6-45　　　　　　　　　图 6-46　　　　　　　　　图 6-47

⓭ 按下 Enter 键确定变换，按下 Alt 键不放，执行"编辑 > 变换路径 > 再次"命令，图像效果如图 6-48 所示。反复执行该命令，使形状效果如图 6-49 所示。使用"椭圆工具"在该形状中间绘制"描边"为 RGB（186，174，195）的正圆，如图 6-50 所示。

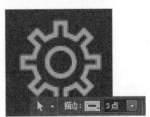

图 6-48　　　　　　　　　图 6-49　　　　　　　　　图 6-50

⓮ 将这两个形状编为一组，重命名为"设置按钮"，鼠标右键单击"椭圆 3"缩览图，在弹出的快捷列表中选择"拷贝图层样式"，如图 6-51 所示。鼠标右键单击该组，在弹出的快捷列表中选择"粘贴图层样式"，如图 6-52、图 6-53 所示。

图 6-51　　　　　　　　　图 6-52　　　　　　　　　图 6-53

提示：该步骤介绍的复制图层样式方法可以将图层中的所有图层样式粘贴至目标图层，用户也可以单击选择该图层中单独的一个图层样式，按 Ctrl 键的同时拖动该图层样式至目标图层，可将图层中选中的图层样式单独粘贴至目标图层。

⓯ 使用相同的方法完成相似的制作，如图 6-54 所示。使用"直线工具"绘制"填充"为 RGB（255、76、101），"粗细"为 10 像素的直线，如图 6-55 所示。

图 6-54

图 6-55

⑯ 鼠标右键单击该图层缩览图，在弹出的快捷列表中选择"创建剪贴蒙版"选项，如图 6-56 所示。使用相同的方法绘制另外两条直线并创建剪贴蒙版，如图 6-57 所示。使用"直线工具"绘制"填充"为 RGB（21，19，27）的直线，如图 6-58 所示。

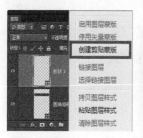
图 6-56

图 6-57

图 6-58

提示：此处用户也可以只绘制一条直线，然后利用为图层添加"渐变叠加"图层样式来制作形状的分段色彩效果。

⑰ 打开"图层样式"对话框，选择"外发光"选项设置参数，如图 6-59 所示。复制该图层并为其创建剪贴蒙版，将其水平拖移至合适位置，如图 6-60 所示。使用相同的方法完成相似的制作，如图 6-61 所示。

图 6-59

图 6-60

图 6-61

⑱ 执行"文件 > 打开"命令，打开素材图像"素材 \ 第 2 章 \003.jpg"，将其拖入到画布中的合适位置，并为其创建剪贴蒙版，图像效果如图 6-62 所示。使用"矩形工具"在图像下方创建矩形"填充"为 RGB（67，56，73）的矩形，如图 6-63 所示。

图 6-62

图 6-63

提示：为图层创建剪贴与蒙版，是为了使上方图层的显示区域形状完全符合下方图层，它与图层蒙版一样，也可以在不损坏源文件的前提下改变图像的显示区域，但不能像图层蒙版一样。

⑲ 打开"图层样式"对话框，选择"内阴影"选项设置参数值，如图 6-64 所示。设置完成后单击"确定"按钮，修改该图层"不透明度"为 85%，并为其创建剪贴蒙版，图像效果如图 6-65 所示。

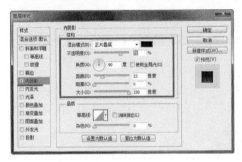

图 6-64

图 6-65

⑳ 使用相同的方法完成界面其他元素的制作，如图 6-66 所示。对图层进行分类编组，"图层"面板如图 6-67 所示。

图 6-66

图 6-67

6.8　课堂提问

设计中如果采用了质量较低的图片，会降低整个界面的用户体验。错误地选择字体除了会造成设计风格不一致外，还有可能会影响 APP 的正常显示。

6.8.1　习题 1——字体和字号的选择要注意什么

除了考虑到字库的版权问题。设计师在设计产品界面时通常会根据设计理念选择一种最具特色的字体，使字体与设计可以完美地融合在一起。

设计师要充分考虑所有用户的感受。某些用户可能存在视力障碍，他们无法顺利阅读一般尺寸下的文字内容。设计师要意识到这些情况，并提供一套显示辅助功能，使得用户可以根据自己的使用习惯随意缩放设备中文本字体的大小，如图 6-68 所示。

Android 平台定义了一套普遍适用的字体尺寸方案，用户可以将其直接套用到自己的应用程序当中：小、中、大三种选项基本能够满足各类用户的需求。这些字体尺寸以 SP 单位为基础配置而成，因此会随着用户的偏好设置而发生变更，如图 6-69 所示。

图 6-68

图 6-69

6.8.2　习题 2——关于更改手机中的字体

对于 iOS 系统来说，只有越狱的设备才可以更改手机中的字体。iOS 系统中字体分为三种，分别为系统中文字体、系统英文字体和锁屏桌面时间显示的字体。用户可以通过 itools 等第三方软件实现对手机系统字体的替换，替换效果如图 6-70 所示。

在 Android 系统中，必须在获得 ROOT 权限后，才能完成对系统字体的修改。用户可以通过使用 360 优化大师等第三方软件实现对系统字体的替换，替换效果如图 6-71 所示。

图 6-70

图 6-71

6.9 课后练习——制作 Android 天气 APP 界面

通过对本章基础知识与案例的学习和制作，读者应该对手机系统中设计应用程序界面的图片和文字要求有了充分的了解，接下来利用这些技巧，应该可以制作出下面的案例，如图 6-72 所示。

渲染风格：	逼真化
尺寸规格：	768 像素 ×1280 像素
源文件地址：	源文件 \ 第 6 章 \ 案例 12.PSD
视频地址：	视频 \ 第 6 章 \ 案例 12.SWF

1. 置入外部图片素材并调整亮度\对比度。使用"矩形工具"绘制图形。

2. 使用图形工具绘制天气图标。使用"横排文字工具"输入文字内容。

3. 使用"直线工具"和"椭圆工具"绘制变化曲线。

4. 置入外部图片素材，并使用图形工具完成天气界面的绘制。

图 6-72

07

第 7 章
iOS 系统 APP UI 设计

本章简介

iOS 具有简单易用的界面、令人惊叹的功能以及超强的稳定性，已经成为 iPhone、iPad 和 iPod touch 的强大基础。作为一个成功的手机系统，在为其设计 APP 时有很多固定的规范，且需要遵循一定的设计制作流程。本章对 iOS 系统中设计 UI 的原则和概述进行了讲解，同时也对界面的设计流程进行分析。

学习重点

- iOS 界面设计的原则
- iOS 界面设计概述
- iOS 界面设计流程
- iOS 界面设计尺寸

7.1 iOS 界面设计原则

一套完善实用的用户界面总是会基于用户思考和工作的方式来进行设计，而非基于设备的能力。一个逻辑混乱的、令人费解的界面只会令用户一头雾水，从而感到一种挫败感。相反的，一款外观优美的、符合认知习惯的界面却往往能够与程序的功能很好地结合，给用户带来舒适的操作体验。

总体来说，iOS 界面的设计原则主要有 6 个：界面美观、风格一致、便于操控、提供反馈、暗喻明显，以及用户控制。

7.1.1 界面美观

这里的美观是指程序的外观和与其功能是否相符，而非单纯地指一个程序好不好看。例如，一个用来输入内容的程序，总是会把界面中的装饰性元素处理得尽可能简洁、干净，并通过使用标准的控件和动作来突显任务，帮助用户获得与该程序有关的有用信息，如图 7-1、图 7-2 所示。

图 7-1   图 7-2

如果这个程序采用了一种十分复杂的、鬼灵精怪的界面风格，用户就会感到迷惑，因为这与用户的认知不相符。

7.1.2 风格一致

保持界面的一致性能够使用户沿用以往学会的知识和技能，从而快速学会不同功能的操作方法。为了判断一个程序是否遵从一致性原则，可以思考以下问题。

- 该程序是否与 iOS 的标准一致？它是否正确地使用了系统提供的控件、外观和图标？它是否将程序与设备的特性有机地结合在一起？
- 该程序是否保持了充分的内部一致性？是否使用了统一的术语和样式？同一个图标是否始终代表一种含义？用户是否能预测它在不能地方进行同一种操作的结果？定制的 UI 组件的外观和行为在程序内部是否表现一致？
- 该程序是否与以往诸多版本保持一致？术语和意义是否保持一样？核心的概念是否发生了本质上的变化？

7.1.3 便于操控

很多用户很享受在多点触摸屏上直接控制的感觉，因为用户可以不再通过鼠标等中介设备控制物体，手势使用户对屏幕上的物体拥有更强的操纵感。当用户直接控制屏幕上的物体，而非通过各种控件时，他们会更深地沉浸在任务中，也更容易理解他们行为的结果。

例如，用户更喜欢用手指姿势直接缩放一张图像，而非通过缩放控件，如图 7-3、图 7-4 所示。再例如，在一个游戏中，玩家可以通过直接点击屏幕来移动或操纵物体。

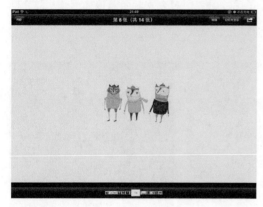

图 7-3

图 7-4

在 iOS 程序中，用户可以在如下场景体验直接控制。
- 旋转或用其他方式移动设备，以影响屏幕上的物体。
- 使用手势操纵屏幕上的物体。
- 看到它们的动作有直接的、可见的结果。

7.1.4 提供反馈

反馈告知用户其行为有何结果，使用户确信程序正在运行中。用户在操纵控件时期待即刻的反馈，也期待在较长的流程中能提供状态提示。

内置的程序会为用户的每一个动作提供可觉察的反馈。例如，用户在单击某按钮或选择某选项时，被单击的按钮或列表选项就会变为高光背景，如图 7-5、图 7-6 所示。

图 7-5

图 7-6

而在那些会持续很长时间的长流程里，可用一个控件展示已完成的进度，并在可能的时候提供解释信息。

流畅的动画也会给用户提供有意义的反馈，帮助用户了解动作的结果。例如，列表内容滑到到末端或顶端时会无法滑动，告诉用户已经没有更多的内容了。

7.1.5 暗喻明显

当虚拟的物体和动作是真实世界中物体和动作的暗喻时，用户会立刻明白该如何使用这个功能。例如，现实生活中文件夹用来存放东西，在这里用户也会立刻明白可以将主屏幕上的程序放在文件夹中，方便分类管理，如图 7-7 所示。

图 7-7

合适的暗喻应该既暗示了使用方法，又避免与它模仿的现实世界里的物体和动作面临同样的限制。例如，用户需要放海量的文件才能把文件夹塞满，而这在现实世界中是不可能的。

iOS 支持丰富的动作和图片，这些都为暗喻提供了广阔的舞台。用户与屏幕上的物体进行交互，就像在现实世界中操纵同样的物体一样。

iOS 系统中的暗喻包括以下内容。

- 轻触播放器的各种控制按钮。
- 在游戏中拖拉，轻拂或水平滑动物体。
- 滑动切换开关。
- 轻拂一叠照片。
- 旋转拾取器的拨轮，做出选择。

7.1.6 用户控制

优秀的程序应该具备平衡用户操作和帮助用户避免犯错的特性。虽然程序可以建议某种流程、操作，也可以警示危险的结果，但是应该由用户出发和控制操作，而非程序。因为用户在熟悉控件和各种行为，并且可以预测操作结果的时候最有操控感。而且，当动作非常简单直白时，用户可以很容易理解并记住它。

用户希望在进程开始执行前有足够的机会取消它，而且希望能在执行破坏性动作前有再次确认的机会。

7.2 iOS 界面设计概述

如果要设计一款 APP，除了要提供简洁、精美的界面之外，更应该注意各种功能和控件的安排，尽量使程序的操作规范、简单、易用。可以着重考虑以下几点，以提高用户体验的满意度。

7.2.1 关注主任务

为保持专注，需要明确每一屏上最重要的内容是什么。当一个程序的使用始终围绕主任务时，用户操作起来会更流畅。

要做到这一点就需要分析每一屏需要呈现些什么内容。当确定内容后，要再次确认这是否是用户需要的关键信息或功能。如果答案是否定的，那么最好重新进行考量。例如，日历关注的日期以及发生于某日的事件，用户可以使用高亮按钮强调今天，并选择浏览方式，以及添加事件，如图 7-8 所示。

图 7-8

7.2.2 提升用户关注内容的权重

对于一款游戏来说，用户总是更追求感官体验，而对管理或创造新内容没有兴趣。如果要开发一款游戏，可以通过提供有趣的剧情、漂亮的图片和反馈及时的操控来提升体验。

如果开发的不是游戏，则可以通过为用户感兴趣的信息设计新的框架结构，来帮助用户关注这些内容，下面是一些有用的方法。

- 减少控件的数量和显著性，以降低相关内容在界面中的权重。
- 巧妙地设计控件风格，使它和程序的图片风格协调一致。
- 如果用户长时间不使用控件，让控件渐隐消失，这可以空出更多的屏幕空间来展示用户想看的内容。例如，图片程序会在用户不使用控件一段时间后就将按钮和工具栏隐去。再次点击屏幕，即可重新显示这些控件和按钮，如图 7-9 所示。

提示：权重是一个相对的概念，是针对某一指标而言。某一指标的权重是指该指标在整体评价中的相对重要程度。

图 7-9

7.2.3 提升用户关注内容的权重

第一时间呈现程序的主功能，努力让用户看一眼就能明白程序是做什么用的、怎么操作，因为开发者不能确保所有的用户都有时间来思考程序是以什么方式工作的。可以使用下面的方法来呈现程序的主功能。

- 尽量减少控件，让用户不必思考该如何选择。
- 一致且恰当地使用标准控件和手势，以便程序的行为符合用户期望。
- 控件名称清晰易懂，让用户明确知道自己在调整些什么。

程序的界面除了要突出重点、尽可能简洁之外，还应该与内置程序的使用方法保持一致。用户知道如何在各层级的屏幕间导航、编辑列表内容、通过 Tab 栏切换程序模式。最好能在程序中沿用这些操作，来让用户更简单地使用程序。例如在秒表程序中，用户只要看一眼就明白哪个按钮可以触发秒表，哪个按钮可以停止计时，如图 7-10 所示。

图 7-10

7.2.4 使用以用户为中心的术语

所有用于与用户沟通的文案应该尽可能使用朴素的措辞，保证用户能够正确理解，避免使用晦涩的行业术语，如图 7-11 所示。

图 7-11

7.2.5　减少对用户输入的需求

无论是使用实体按键还是触摸控件，输入文字都是一件劳神费力的事。最典型的例子就是人们痛恨发短信——除非有什么特定的理由。如果一款程序总是要求用户输入一大堆信息，那么用户很快就会对它失去兴趣。下面的方法可以有效地降低程序对用户的输入需求。

- 平衡用户的输入与程序提供的信息

换句话说，每当用户输入信息后，程序要提供尽可能多而且有用的信息和功能来作为回报。这能让用户觉得他们在向目标前进，而非被程序拖后腿。

- 简化输入方式

例如，可以使用表格或者拾取器，而非文本框，因为选择远比输入来的简单，如图 7-12 所示。

图 7-12

- **从系统获取信息**

用户在设备上存了很多信息，例如通讯录、通话记录和日程表等。如果能从设备中找到这些信息，就别再麻烦用户了。图 7-13 所示为"相机"和"水果忍者"请求读取系统数据的对话框。

图 7-13

7.2.6　弱化设置

要做到弱化设置，可以考虑以下 3 点。

- **尽量避免在程序中加入设置模块**

用户必须先退出程序，才能设置程序偏好。设置中包含用户偏爱的行为和信息，这些设定一旦确定之后很少会被改动。当把程序设计得符合用户期望时，设置的重要性就降低了。

- **让用户在程序中用配置选项来设置偏爱的程序行为**

结构选项可以让程序在运行中动态响应用户的设置，用户不必离开程序来对其进行设置。

- 在主界面或屏幕背面提供配置选项。

- **主界面中应该放置与主任务相关或用户经常需要更改的选项**

例如，游戏等注重即时体验的程序也应提供配置选项。因为用户经常会在各种体验间往复切换。屏幕背面则可以放置用户很少改变的选项。例如，天气预报界面把温度单位的设置放在屏幕背后，这样可以方便地进行设置，同时也不碍眼，如图 7-14 所示。

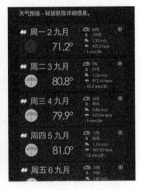

图 7-14

7.2.7　在 APP Store 中提供精练的描述

APP Store 中的描述是一个与潜在用户沟通的绝佳机会。除了准确描述程序、高亮显示用户最喜欢的特性外，应遵守如下规则。

避免拼写、语法和标点错误。虽然这样的错误并不会让每个人都心生厌恶，但会给用户留下不好的印象。

避免使用大些字母。每个词的每个字母都用大写会让用户难以阅读。例如在 KTV 里唱一首英文歌，小写字母可以很轻松地辨认，而全部大写的字母辨认起来会吃力很多。

写出对具体 bug 的修复。如果新版本的程序对老版本的 bug 进行了修复，最好在描述里清除直白地列出来，如图 7-15 所示。

图 7-15

7.2.8 界面元素要一致

比起五花八门的界面来说，用户更期待标准的视图和控件，这些视图和控件在所有程序中都有一致的外观和行为，这样用户熟悉了一个程序的操作后就会自然而然地举一反三、触类旁通。下面是需要遵守的一些原则。

- 用标准控件时最好采用推荐的使用方法。这样，用户就能在学习程序操作时利用先前的经验。当 iOS 升级标准控件时，相应的程序也能得到更新。
- 娱乐性应用最好定制全套控件。
- 不要彻底改变执行标准动作的控件的外观。如果使用不熟悉的控件来执行标准动作，用户就需要花时间研究如何使用它，而无法专注于任务本身。

iOS 允许使用很多内置程序中的标准按钮和图标，例如可以在 iPhone 和 iPad 上使用刷新、排序、删除和重播等图标，如图 7-16 所示。

- 不要将标准控件和图标用于其他用途，这可能会使用户迷惑。

图 7-16

7.2.9 使用精美的图片

漂亮精致的图片能够吸引人们使用程序，即使很简单的任务也会让人用得很开心，iOS 6 将这一点做到了极致。

- 模仿宝贵的或质地优良材料的质感，例如木头、皮革、金属等效果，如图 7-17 所示。

图 7-17

- 绘制高精度的图像。大多数情况下，绘制的图像都应该比所需的精度更高一些，这样就可以保证图像有足够丰富的细节。如果在图形绘制软件中使用了合适的网格，就能保证图像在缩小尺寸的过程中始终保持细腻，减少重新锐化的工作，如图 7-18 所示。
- 确保登录图像和程序图标制作优良，如图 7-19 所示。

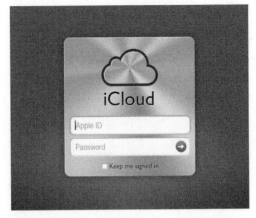

图 7-18 　　　　　　　　　　　　　　　　图 7-19

- 不要把屏幕尺寸设定为固定值，如果希望程序可以在多种 iOS 设备上运行，这一点至关重要。
- 不要将标准控件和图标用于其他用途，这可能会使用户迷惑。

7.2.10　启动与退出

当用户想要启动一个程序时，程序应该立刻启动。当用户按 Home 键时，程序应该立刻终止并及时保存进度，并在下次启动时自动读取断点。如果可能，最好不要让程序自动退出，否则就需要及时向用户描述当前状况，并采取补救措施。

- 立即启动

iOS 程序应该在用户想用它们的时候立刻启动，毫无延迟。在启动时，iOS 程序应该做到以下几点。

> 展示与应用程序第一屏相同的启动图片，这可以缩短用户对启动时间的知觉。

> 避免出现"关于"窗口或者 Splash。一般而言，避免添加任何阻碍用户立刻使用程序的元素。

> 在 iPhone 上提供合适的状态栏样式。通常，状态栏应该和程序的其他界面部分风格保持一致。

> 避免向用户询问设置信息。应遵照以下指南。

① 只为 80% 的用户解决问题。这样大部分用户不需要设置，因为程序已经按期望的方式设置好了。如果某个功能只有很少一部分用户会用到，或者只使用一次，那么最好直接放弃它。

② 不要让用户反复输入信息。如果要用到任何用户在内置程序中储存的信息，可以向系统提出请求，不要让用户再输一次。

③ 如果必须从用户那里获得信息，要让用户在程序内进行输入，然后尽快把这些信息保存下来。这样，用户就不用先退出程序才能进到设置里。如果用户稍后需要更改这些信息，可以去程序的设置模块更改。

④ 从程序上次离开的位置启动。

> 以合适的默认方向启动。在 iPhone 上，默认的方向是竖屏模式。在 iPad 上，默认方向是当前设备的方向。如果你的设备只支持横屏模式，就按横屏模式启动，不用管设备当前的方向，用户会按照自己的喜好去旋转设备。图 7-20 所示分别为横屏启动程序和竖屏启动程序的效果。

图 7-20

- **随时准备停止**

iOS 程序需要在用户按下 Home 键的时候立即停止，然后打开别的程序。这是非常便利的操作方法，所以用户都不会去点击程序的关闭按钮或是从菜单里选择退出。为了提供好的退出体验，iOS 程序应该做到以下几点。

> 经常且快速保存用户进度。因为用户随时可能选择退出。

> 停止的时候保存当前的状态，尽可能地保留细节。这样，用户再次打开程序时不会损失细节。例如，当用户重新打开音乐播放器时，仍然可以接着上次退出时播放的音乐进行播放。

- **不要自动退出**

绝对不要自动退出，因为用户可能会觉得是程序崩溃了。如果程序确实无法像预期的那样工作，就需要告知用户当前的情况，解释他们可以做什么。基于当前情景的危机程度，有两种补救措施供选择。

> 展示一屏吸引人的内容，描述当前的问题，提供修正。这屏内容可告知用户程序没有出问题，并给予用户控制权，让用户决定是采取补救措施还是忽略报错，又或是按 Home 键退出并打开其他程序。

> 如果只有部分功能失常，那就在用户使用这些功能时弹出警告框。

7.3 iOS 界面设计流程

创作一个好的手机界面是一个严谨的过程。需要充分理解整个产品策划，并分析目标人群特点，按照手机制作规范设计制作完成。下面介绍 iOS 界面设计的流程。

7.3.1 创意先行

每一个 APP 程序都有一个核心功能。太多的功能除了会给程序的编写带来难度外，也会使用户无所适从。所以在开始设计一个 APP 界面时首先要确认核心内容。然后根据核心内容开始"头脑风暴"，获得满意的设计创意。

在设计阶段可以多参看竞争对手的作品，吸收好的创意并加以改善，这对一个成功的作品是非常必要的。

7.3.2 产品草图

有了大致的设计方案后，可以完成界面的草图绘制。用户可以通过直接在纸上绘制，包含界面中使用的场景、按钮和显示文字等。在 iOS 中，每一个界面之间的切换方式被称为 APP 功能穿越，也要在绘制草图时一起考虑到，如图 7-21 所示。

草图绘制完成后，可以在电脑上按照准确的尺寸绘制出低保真原型。可以采用黑白色，粗糙的线条来绘制，不要在细节上过多纠结。

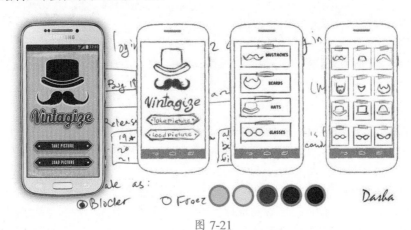

图 7-21

7.3.3 视觉设计

高保真原型完成后，就可以开始视觉设计。iOS 系统界面质感十足，有仿真度的图形界面设计尽量接近用户属性或者喜欢的风格。要在配色和图标上多下功夫。

图标的好坏直接决定了 APP 在界面中的辨识度。图标的创建同样要从简单的轮廓开始，如图 7-22 所示。先从核心创意开始，除非有必要，图标中最好不要包含文字。尽量采用与 APP 图形界面一致的材质和渐变。通常图标都有三种不同的尺寸，以针对不同的显示质量，分别是 29 像素 ×29 像素、72 像素 ×72 像素和 512 像素 ×512 像素，如图 7-23 所示。

图 7-22

图 7-23

7.3.4 设计指南

通常一个 APP 程序由开发人员和设计人员一起完成。为了便于程序员理解设计理念，在提交设计文件时要一起提交一个清晰的设计指南文件。在这个文件中对所有文件的尺寸进行标注说明，尽可能把所有可能遇到的情况向程序员描述清楚。必要时要提供 PSD 和 PNG 两种图片格式，如图 7-24 所示。

图 7-24

7.4 〉课堂练习——制作 iOS 系统工作界面

通过以上基础知识的学习，读者对 iOS 系统的设计风格与规范有了一定的了解。接下来通过一个案例演示一个工作界面的创作过程。

本界面的界面构成图形元素较复杂，并且图形的精致度和清晰度是非常高的，在制作时为了保证图形元素的清晰度，尽量使用形状工具来绘制图形。

7.4.1 案例分析

案例特点：本界面制作的是 Ipad 工作界面，界面中所包含的 iOS 系统组件较全面，界面视觉效果震撼逼真。

制作思路与要点：本案例在操作技巧上主要有两个重点，图层样式与图层蒙版的运用与掌握，这些操作技巧会影响整个界面的视觉效果。

渲染风格：	超真实
尺寸规格：	1536 像素 ×2048 像素
源文件地址：	源文件 \ 第 7 章 \ 案例 13.PSD
视频地址：	视频 \ 第 7 章 \ 案例 13.SWF

色彩分析：灰色与蓝色是中性色，而黑色也是一种低调庄重的颜色，将这三种颜色搭配在一起会表现出一种经典、华贵的气息。

（205，206，208）（52，101，164）　（0，0，0）

7.4.2 制作步骤

① 执行"文件 > 打开"命令，打开背景素材"素材\ 第 7 章 \000.jpg"，如图 7-25 所示。使用"矩形工具"在画布顶部创建黑色的矩形，如图 7-26 所示。

图 7-25　　　　　　图 7-26

② 打开"字符"面板，设置各项参数值，如图 7-27 所示。使用"横排文字工具"在画布左上角输入文字，如图 7-28 所示。使用"钢笔工具"绘制"填充"为 RGB（191，191，191）的形状，如图 7-29 所示。

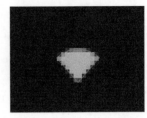

图 7-27　　　　　　　图 7-28　　　　　　　　图 7-29

③ 设置"路径操作"为"合并形状"，在图像中绘制，如图 7-30 所示。使用相同的方法继续绘制形状，得到图 7-31 所示的图标效果。

④ 使用"圆角矩形工具"绘制"填充"为"无"，"描边"为 RGB（191，191，191）的形状，如图 7-32 所示。继续在画布中绘制"半径"为 1 像素的圆角矩形，如图 7-33 所示。

⑤ 使用"矩形工具"绘制矩形，得到电量图标效果，如图 7-34 所示。将相关图层编组，重命名为"电池"，如图 7-35 所示。

图 7-30　　　　　　　图 7-31　　　　　　　图 7-32

图 7-33　　　　　　　图 7-34　　　　　　　图 7-35

⑥ 使用相同的方法完成相似的制作，选择"圆角矩形工具"，在画布中创建任意颜色的形状，如图 7-36 所示。

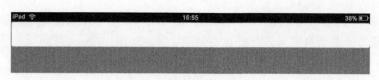

图 7-36

07 选择"矩形工具",设置"路径操作"为"减去顶层形状",在圆角矩形下方绘制,减去不需要的部分,如图 7-37 所示。双击该图层缩览图,在弹出的"图层样式"对话框中选择"内阴影"选项,设置参数值,如图 7-38 所示。

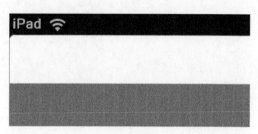

图 7-37   图 7-38

08 继续选择"内发光"选项,设置参数值,如图 7-39 所示。选择"渐变叠加"选项,设置参数值,如图 7-40 所示。

图 7-39   图 7-40

09 继续选择"投影"选项,设置参数值,如图 7-41 所示。设置完成后单击"确定"按钮,得到的形状效果如图 7-42 所示。

图 7-41   图 7-42

⑩ 使用相同的方法创建圆角矩形并添加图层样式，如图 7-43 所示。使用"矩形选框工具"在形状中创建选区，如图 7-44 所示。

图 7-43

⑪ 单击"图层"面板底部的"添加图层蒙版"按钮，为该图层添加图层蒙版，图像效果如图 7-45 所示。"图层"面板如图 7-46 所示。

图 7-44

图 7-45

图 7-46

提示：为图层添加图层蒙版可以在不损坏源图像的条件下，利用黑、白、灰来编辑蒙版，确定图像的显示区域和遮盖区域。黑色为被遮盖区域，白色为显示区域，灰色为半透明区域。

⑫ 使用相同的方法完成相似的制作，如图 7-47 所示。

图 7-47

⑬ 打开"字符"面板设置参数值，如图 7-48 所示。使用"横排文字工具"在画布中输入文字，如图 7-49 所示。

⑭ 打开"图层样式"对话框，选择"投影"选项设置参数值，如图 7-50 所示。设置完成后单击"确定"按钮，得到的文字效果如图 7-51 所示。

⑮ 使用相同的方法完成相似制作，如图 7-52 所示。使用"矩形工具"在画布中创建任意颜色的矩形，如图 7-53 所示。

图 7-48

图 7-49

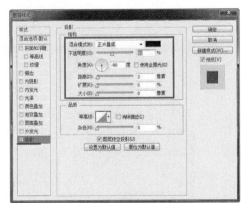

图 7-50

图 7-51   图 7-52   图 7-53

⑯ 打开"图层样式"对话框，选择"描边"设置参数值，如图 7-54 所示。选择"渐变叠加"选
    项设置参数值，如图 7-55 所示。

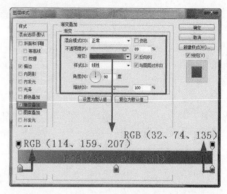

图 7-54   图 7-55

⑰ 设置完成后单击"确定"按钮，得到的图
    像效果如图 7-56 所示。使用"直线工具"
    在矩形底部绘制"粗细"为 1 像素的黑色
    直线，如图 7-57 所示。

⑱ 打开"图层样式"对话框，选择"投影"
    选项设置参数值，如图 7-58 所示。设置完

图 7-56   图 7-57

成后单击"确定"按钮，设置该图层"不透明度"和"填充"为 80%，得到的图像效果如图
7-59 所示。

图 7-58   图 7-59

⑲ 使用相同的方法完成相似制作，如图 7-60 所示。将"圆角矩形 6"上方的图层编组，重命名为"装
    饰元素"，如图 7-61 所示。

⑳ 按 Ctrl 键的同时单击"圆角矩形 6"缩览图，即可将其载入选区，单击"图层"面板底部的"添加图层蒙版"按钮，得到图像效果，如图 7-62 所示。使用相同的方法完成相似的制作，如图 7-63 所示。

| 图 7-60 | 图 7-61 | 图 7-62 | 图 7-63 |

提问：选区与图层蒙版的关系如何？
利用选区编辑图层蒙版，是在绘制好选区后为图层或图层组添加图层蒙版，被选区框选区域为显示区域，而没有被框选区域就会被填充黑色遮盖起来。

㉑ 执行"文件 > 打开"命令，打开背景素材"素材 \ 第 7 章 \000.psd"，将相应的图标拖入文档中合适的位置，如图 7-64 所示。复制该图层，将其垂直翻转，按 Shift 键的同时将其向下拖动至合适的位置，如图 7-65 所示。

㉒ 为该图层添加图层蒙版，并使用黑白线性渐变填充画布，修改图层"不透明度"为 65%，如图 7-66 所示。继续使用相同的方法完成相似的制作，如图 7-67 所示。

| 图 7-64 | 图 7-65 | 图 7-66 | 图 7-67 |

㉓ 选择"多边形工具"，在选项栏进行相应的设置，在画布中单击并拖动鼠标，绘制"填充"为 RGB（855，190，13）的形状，如图 7-68 所示。打开"图层样式"对话框，选择"内阴影"选项设置参数值，如图 7-69 所示。

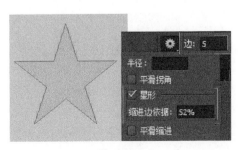

| 图 7-68 | 图 7-69 |

㉔ 继续选择"渐变叠加"和"投影"选项设置参数值，如图 7-70、图 7-71 所示。

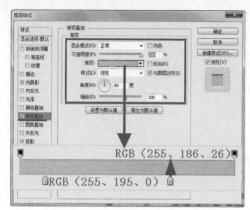

图 7-70

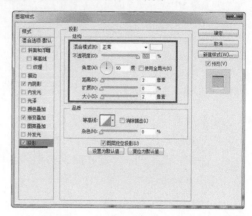

图 7-71

㉕ 设置完成后单击"确定"按钮，得到的图像效果如图 7-72 所示。复制该图层，并将其向右拖动至合适位置，如图 7-73 所示。使用相同的方法完成相似的制作，如图 7-74 所示。

图 7-72

图 7-73

图 7-74

㉖ 继续使用相同的方法，可以完成整个界面的制作，如图 7-75 所示。对相关图层进行编组整理，"图层"面板如图 7-76 所示。

图 7-75

图 7-76

7.5 课堂提问

大家都见过低像素的图片被过大的界面缩放而造成的低质量图像效果。若屏幕上像素的图形元素有误差，设计出的界面效果就会出现模糊、变形的情况。

7.5.1 问题 1——iOS 系统界面设计尺寸标准

为了保证设计出的 UI 界面能够正常的应用到特定的设备，弄清楚设备手机屏幕的尺寸规格，以及各个元素的具体尺寸是绝对有必要的。

iOS 设备主要有 iPhone 及 iPad 两种形式，具体尺寸规则如图 7-77、图 7-78 所示。

- iPhone 界面尺寸

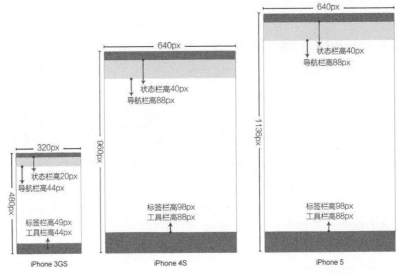

图 7-77

- iPad 界面尺寸

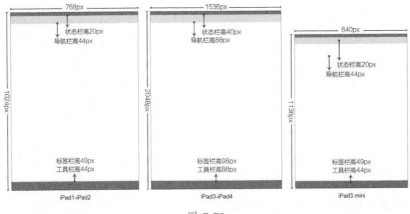

图 7-78

7.5.2 问题 2——iOS 系统界面图形部件尺寸规格

iOS 界面中的图形元素包括可点击的图形、单独存在的图形部件以及控制按钮图形，这些图形元素在 iOS 界面的制作中也是需要按照一定的尺寸规格设计的，下面对这些图形元素做详细介绍。

● **可点击的图片**

在 iOS 中，普通屏幕的所有可点击的图片不能小于 44px，如图 7-79 所示。为 Retain 屏幕设计时则是 88px，如图 7-80 所示。若图片实在太小，则可以多切上一些透明像素，已达到标准尺寸规格，如图 7-81 所示。

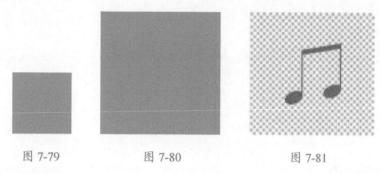

图 7-79　　　　　　　　图 7-80　　　　　　　　图 7-81

● **单独存在的图形部件**

单独存在的图形部件，尺寸必须为双数，图 7-82 所示分别为按钮和按钮和图片的尺寸。

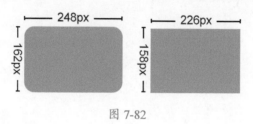

图 7-82

● **按钮图形**

充分考虑每个按钮的四个状态样式，如图 7-83 所示。

图 7-83

7.6 课后练习——制作 iOS 系统通知界面

通过对本章基础知识与案例的学习和制作，为读者介绍过 iOS 系统的相关知识，读者应该对 iOS 系统有了充分的了解，对 iOS 界面的制作技巧也应该非常熟练，利用这些技巧制作出下面的案例，如图 7-84 所示。

渲染风格：	逼真化
尺寸规格：	640 像素 ×1136 像素
源文件地址：	源文件 \ 第 7 章 \ 案例 14.PSD
视频地址：	视频 \ 第 7 章 \ 案例 14.SWF

1．使用形状工具（配合图形加减运算）和文字工具完成导航栏的制作。	2．使用"矩形工具"并添加相应的图层样式，制作导航栏的底部。
3．使用相同的方法完成相似的制作。	4．拖入图标素材，完成界面的制作。

图 7-84

08

第 8 章
Android 系统 APP UI 设计

本章简介

在设计和制作一款 APP 的 UI 界面时，应该先考虑这款应用是为哪个平台打造的。参照相关平台的标准控件设计规范，按照标准合理使用控件。这样的 APP 往往更专业、更具吸引力。

Android 系统中每个 UI 元素都有严格的设置规范，为了确保能够得到统一的外观，设计人员要把这些规范当作自己的创意和设计思想加以使用。

学习重点

- Android 系统的设计准则
- 强调纯粹的 Android APP 设计
- Android 界面设计风格
- Android APP 应用结构
- Android UI 图标类型
- Android UI 图标设计规则

8.1 Android 系统的设计准则

为了保持用户的兴趣，Android 用户体验设计团队制定了 3 条设计原则。在设计自己的 APP 界面时应该将这 3 条原则作为设计思路。

8.1.1 漂亮的界面

无论任何形式的 UI 界面，美观的界面始终是吸引用户的首要条件。可以通过以下 4 点来保证界面的美观性。

- **恰到好处的使用声音和动画**

  一个漂亮的界面，一个精心制作的动画，或者一个适时的声音效果都可以为用户带来体验的乐趣。

- **真实对象比按钮和菜单更有趣**

  让用户直接触控和操作界面中的对象，而不是加入大量的按钮和菜单。这可以减少用户的认知负担，同时更多地满足情感需求。

- **个性化**

  年轻的用户不喜欢雷同的界面，他们喜欢加入自己喜欢的东西。设计师要做的就是提供尽可能实用、漂亮、有趣的、可自定义的界面，但不要妨碍主要任务的默认设置，如图 8-1 所示。

图 8-1

- **记住用户的操作习惯**

  努力了解用户的使用习惯，跟随用户的使用行为，比一遍一遍地重复询问要好。

8.1.2 更简单的操作

一款 APP 的操作方式越简单，用户花费在学习使用新软件上的时间就越短，相应的，达成自己目的的速度也就越快。可以通过以下 7 个方面简化操作。

- **文字叙述要简洁**

  尽量使用短单词、短句子，人们看到长句子时总会不自觉地跳过。

- **图片比文字更好理解**

比起文字，图片更能获得用户的注意力，所以尽量使用图片来解释想法。

- **协助用户做选择，但把决定权留给用户**

尽最大努力去猜用户的想法，而不是什么都不做就去问用户。为了防止你的猜测是错的，要提供后退操作。

- **只在需要的时候显示需要的内容**

人们看到太多选择会不知所措，应尽量把任务和信息分割成一个个更简单的、更容易操作的内容，隐藏此时不需要的操作。

- **让用户知道自己的位置**

让你的 APP 每页看上去都有区别，使用转场显示各个屏之间的关系，并在任务进程中提供清晰的反馈，如图 8-2 所示。

图 8-2

- **采用标准的操作流程**

为了更好地分别不同的功能，可以使它们的外观区别更明显。尽可能避免那些看上去样式差不多，但操作却千差万别的操作方法。

- **只有真的重要时才打断用户**

人们希望保持专注，打断总是令人沮丧的。要像一位贴心的助手一样帮用户挡住不重要的信息，除非是非常重要的事情，否则不要打断用户，如图 8-3 所示。

图 8-3

8.1.3　更加完善的工作流程

一款 APP 的操作方式越简单，用户花费在学习使用新软件上的时间就越短，相应的，获取自己所需信息的时间也就越短。可以通过以下 7 个方面简化操作。

- **多使用通用的操作方式**

　　使用其他 Android APP 已有的视觉样式和通过操作方式能让用户更容易地学会使用你的 APP。

- **温和地指出错误**

　　如果要让用户改正，那么最好要温和些，如图 8-4 所示。用户在使用 APP 时希望他很智能。如果出了问题，给出清晰的恢复指引比详细的技术报告更有用。当然，如果能在后台解决则更好。

- **不断地鼓励**

　　将一个复杂的任务拆分成一个个的小步骤，每一步操作都要及时给出反馈，让用户感到自己正在一步步地接近目标，如图 8-5 所示。

图 8-4

图 8-5

- **帮用户完成复杂的任务**

　　帮助用户完成一些他们自己也没有预想能够完成的任务，这会让用户觉得自己也做得不错。例如提供照片滤镜，简单几步就能使普通的照片看上去很漂亮。

8.2　强调纯粹的 Android APP 设计

　　很多开发者都想把自己的 APP 发布到不同的平台上，以便更多的用户可以下载使用。如果你正在准备着手开发一款应用于 Android 平台上的 APP，那么请记住，不同的平台有不同的规则。在一个平台上看似完美的做法未必同样适用于其他的平台。

8.2.1　不要模仿其他平台的 UI 元素

　　每个平台都有一套自己精心设计的 UI 元素，使得自己的风格能够很容易被用户辨认出来。

例如 iOS 6 提倡使用圆角，并为每个元素添加逼真精美的质感；Android 4.0 同样使用圆角，但元素风格更偏向于简洁纯粹，没有任何非必要的装饰；Windows Phone 极少使用圆角，元素风格也是简洁的扁平化风格，如图 8-6、图 8-7 所示。

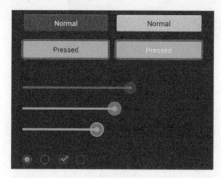

图 8-6

图 8-7

在某些情况下，这些不同平台的元素可能有着异曲同工之妙，但细节处理却不同。在搭建 Android APP 界面时，谨记不要直接从其他平台挪用元素，也不要模仿它们的特定行为。

8.2.2　不要延续其他平台的特定图标

每个平台都会为自己的基本功能制作一套图标，例如设置、日历、便签、返回或删除等，图 8-8 所示分别为 Android、iOS 和 Windows Phone 的系统图标。如果要将一个应用与其于平台的 APP 移植到 Android 时，要注意将 Android 平台上的特定图标更换。

图 8-8

8.2.3　不要在操作栏中使用"返回"按钮

iOS 6 会在界面顶部的操作栏中使用"返回"按钮，以便用户可以返回到上一层级的页面。这在 Android 中有很大不同，Android 中分为"返回"和"返回上一步"两个概念。单击界面底部导航栏中的"返回"可以返回到上一步操作；单击操作栏中的"返回"按钮可以返回上一级页面，如图 8-9 所示。

图 8-9

8.2.4　不要在界面底部放置操作栏

iOS 平台通常会在界面底部放置操作栏，但 Android 平台的习惯是在界面顶部放置操作栏，底部会用来显示次级操作栏。搭建 APP 界面时应该遵循这些原则，来创建 Android 平台上第三方 APP 的统一产品体验，避免造成混淆。图 8-10 所示分别为 Android 4.0 和 iOS 6 的操作栏分布情况。

图 8-10

8.2.5 不要在列表项目中使用向右箭头

其他平台都习惯在列表项目的后面加一个向右的箭头，用户可以单击这个箭头来查看更详细的信息。Android 不会使用这样的箭头，以免用户觉得平台不统一和疑惑。

8.2.6 设备的独立性

一个 APP 往往会在不同屏幕大小的设备上运行，对于 Android 系统而言，这种情况比 iOS 和 Windows Phone 更复杂。可以通过为不同屏幕大小和分辨率的设备创建视觉版本，和利用多面板布局的方式来解决同一 UI 在不同设备上的显示问题。

8.3 Android 界面设计风格

Android 系统界面设备品种繁多、界面不甚协调直接导致其应用极度缺乏统一性，Android 自身开放性的系统界面为应用的自主发挥带来了最大的可能性。

Android APP 随着 Android 界面设计工具平台的发展开发界面逐渐形成统一的规则和趋势，但这并不意味着一切应用必须遵循规范。

8.3.1 设备与显示

Android 赋予了全球为数众多的移动电话、平板电脑等其他设备无限的动力，它们具有大小不一的屏幕尺寸和构成元素，利用 Android 灵活的排版系统，因此可以创建由大屏幕到小屏幕优雅转换的 APPs。通过扩展和缩小布局来灵活的适应不同的高度和宽度。图 8-11 所示是不同屏幕尺寸的 Android 手持设备。

在尺寸较大的设备上，要充分地利用额外的屏幕版面，创建包含多视图的复合视图，以展示更多的内容和更便捷的导航。为不同屏幕分辨率提供资源，保证 APP 在任何设备上都完美。图 8-12 所示是不同尺寸的图标。

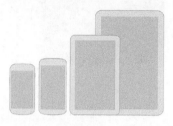

图 8-11

图 8-12

当设计不同尺寸的屏幕时，有以下两种方法。

- 使用标准尺寸，然后放大或缩小，以适应到其他尺寸。
- 使用设备的最大尺寸，然后缩小，并适应到需要的小屏幕尺寸。

8.3.2 主题样式

界面风格决定了界面元素的视觉属性，例如颜色、高度、空白和文字的大小。Android 主题样式是为了确保程序界面或操作行为的视觉风格一致而创造的机制。

Android 雪糕三明治系统提供了 Holo 浅色、Holo 深色和 Holo 浅色底＋深色操作栏 3 套系统主题，如图 8-13 所示。

图 8-13

8.3.3 触摸反馈

触摸反馈便是当用户触摸了一个可操作区域，APP 要提供视觉反馈，可以使用颜色和光作为触摸的反馈，加强手势行为的结果，并且暗示哪些操作可用，哪些操作被禁用，如图 8-14 所示。

在 Android 中，大部分的 UI 元素都内置有触摸反馈，包括暗示触摸元素是否有效果的状态，如图 8-15 所示。当操作更复杂的手势时，触摸反馈可以帮助用户理解操作的结果。例如，在最近任务里，当横划缩略图时，它会变暗淡，这能帮助用户理解横划会引起对象的移除，如图 8-16 所示。

图 8-14

图 8-15 图 8-16

当用户划动的内容超过边界时，要给出一个明确的视觉线索，如图 8-17 所示。例如，当用户在第一个 HOME 屏继续向左滚动，屏幕的内容就会向右倾斜，让用户知道再往左方的导航不可用。很多 Android 可滚动的 UI 部件（例如列表和网格列表）都已经内置支持边界反馈。如果要自定义，要记得做边界反馈。

图 8-17

8.3.4　单位和网格

每个设备的屏幕大小尺寸都各不同，还有屏幕密度的不同（DPI，dots per inch）。屏幕物理大小是手机（小于 600DPI）或平板电脑（大于或等于 600DPI）的物理尺寸。屏幕密度是 LDPI、MDPI、HDPI、XHDPI。为不同大小的屏幕设计不同的布局，不同密度的屏幕密度提供不同的位图图像，来优化 APP 的用户界面，如图 8-18 所示。

　　通常把 48DPI 作为可触摸的 UI 元件的标准。48DPI 转换为物理尺寸约为 9mm，建议的目标大小为 7 ～ 10mm 的范围，这是一个用户手指能准确并舒适触摸的区域。

　　如果设计的元素高和宽至少 48DPI，可以保证无论在什么屏幕上，触摸目标绝不会比建议的最低目标小。在整体信息密度的和触摸目标大小之间取得了一个很好的平衡，如图 8-19 所示。

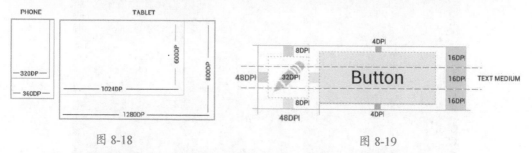

图 8-18　　　　　　　　　　　　　　　　　　　　图 8-19

　　注意每个元素之间的空白，每个 UI 元素之间的间距为 8DPI，如图 8-20 所示。

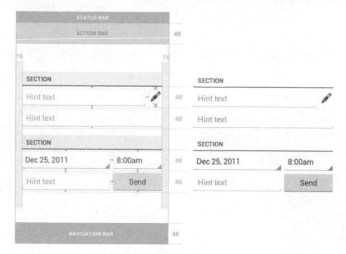

图 8-20

8.3.5　颜色

　　在界面中，颜色可以强调内容。选择适合品牌的颜色，为视觉元素提供了更好的对比，但要注意红绿颜色对红绿色盲不适用，如图 8-21 所示。

　　在 Android 调色板中，标准的颜色为蓝色，每个颜色都有对应的一系列饱和度，供需要的时候使用，如图 8-22 所示。

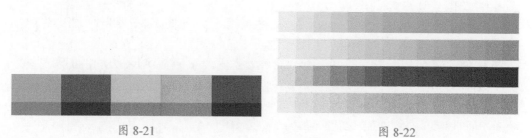

图 8-21　　　　　　　　　　　　　　　　　　　　图 8-22

8.3.6　图标

图标在屏幕中占用的面积很小，但图标为操作、状态和 APP 提供了一个快速且直观的表现形式，如图 8-23 所示。

图 8-23

- **启动图标**

启动图标是放在 HOME 或全部 APP 界面上代表 APP 的视觉表现。由于用户可以改变 HOME 页的壁纸，所以要确保启动图标在任意壁纸上都清晰可见。

在移动设备上的启动图标的尺寸必须是 48DPI×48DPI，在应用市场上启动图标尺寸必须是 512DPI×512DPI，图标的整体大小为 48DPI×48DPI。

在设计风格上可以使用一个独特的剪影。视觉上带有一点点从上往下的三维透视，让用户可以感觉到有一定深度，如图 8-24 所示。

图 8-24

- **操作栏图标**

操作栏图标是平面的按钮，是 APP 中最重要的操作。每一个图标都应该用简单的比喻来传达一个单纯的概念，并能让大部分的用户一目了然。

手机操作栏的图标尺寸是 32DPI×32DPI，整体大小为 32DPI×32DPI，图形区域为 24DPI×24DPI。图标为平面风格，没有过多的细节，采用了流畅的曲线或尖锐的形状。图 8-25、图 8-26 所示为不同颜色的操作栏。如果图形线条太长（如电话、书写笔），向左向右旋转 45°，以填补空间的焦点。描边和空白之间的间距应至少为 2DPI。

图 8-25

➤ 颜色：#333333
➤ 可用：60% 透明度
➤ 禁用：30% 透明度

图 8-26

➤ 颜色：#FFFFFF
➤ 可用：80% 透明度
➤ 禁用：30% 透明度

- **小图标**

在 APP 中，小图标是用来提供操作或特定项目的状态。例如，Gmail APP，其消息前的星形图标，标记为重要消息。

小图标的尺寸为 16DPI×16DPI，整体大小为 16DPI×16DPI，可视区域为 12DPI×12DPI，小图标为中性、平面简洁风格，使用填充形状比细描边更容易看到。使用单一的视觉隐喻，使用户可以很容易地识别和理解其目的。

图标颜色的选择具有一定的目的性，例如，Gmail 使用黄色的星形图标表示标记消息。如果图标是可操作的，选择一个与背景对比明显的颜色。

- **通知图标**

每当有新通知时，状态栏会显示通知图标。用来提醒用户查看通知，图 8-27 所示为 Android 的通知图标。

图 8-27

手机的通知图标尺寸是 24DPI×24DPI，整体大小是 24DPI×24DPI，可视区域为 22DPI×22DPI，保持风格的平面化和简洁，使用与启动图标的视觉隐喻。

通知图标必须是完全白色，而且系统可能会缩小或变暗图标。

8.4 Android APP 应用结构

Android 平台为用户提供了多种多样的 APP，以满足不同的需求，举例如下。
- 计算器或照相机，这类 APP 往往只有一个核心功能。
- 电话，这类 APP 的主要目的是在不同操作中进行切换，而不是更深层系的导航。
- 应用市场，这类 APP 往往包含一系列更深层级的内容视图。

一款 APP 采用怎样的结构，主要取决于想要为用户展示什么内容和任务。通常来说，一个典型的 Android APP 包含顶级视图和详情\编辑视图。如果导航的层级结构深而复杂，那么目录视图可以用于连接顶级视图和详情试图，如图 8-28 所示。

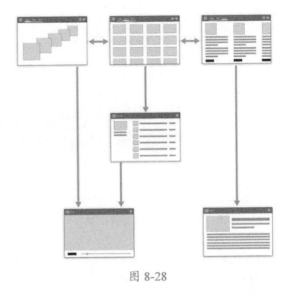

➤ 顶级视图

视图既可以是展示相同内容的不同呈现方式，又可以是展示 APP 的不同功能模块。APP 的顶级视图通常包括其支持的不同视图。

➤ 目录视图

目录视图允许用户进入更深层级的内容。

➤ 详情\编辑视图

详情\编辑视图是用户浏览或创建内容的地方。

图 8-28

8.5 课堂练习——制作 Android 网页浏览界面

通过对本章基础知识的学习与了解，读者对安卓 UI 设计的规则有了充分的了解，接下来就运用这些知识制作一个精美的安卓网页浏览界面。

8.5.1 案例分析

案例特点：本案例制作的是一个极度真实而又充满可爱气息的卡通风格的仿真化网页浏览界面，如图 8-29 所示。界面的图形组成元素较简单，色彩搭配丰富。

制作思路与要点：本案例主要是利用图层样式表现元素的立体感和真实感，利用明亮的色彩表现出活跃的气氛和卡通气息。

渲染风格：	超真实
尺寸规格：	768 像素 ×1184 像素
源文件地址：	源文件\第 8 章\案例 15.PSD
视频地址：	视频\第 8 章\案例 15.SWF

➤ 色彩分析

大片的浅蓝色体现出活跃的氛围，少量的土黄色表现出淳朴的气息，淡黄色的背景给人轻盈感，最底部的按钮使用了黑色，使页面整体不轻浮。

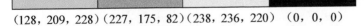

(128，209，228) (227，175，82) (238，236，220) （0，0，0）

图 8-29

8.5.2　制作步骤

01 执行"文件 > 新建"命令，弹出"新建"对话框，新建一个空白文档，如图 8-30 所示。使用"油漆桶工具"为画布背景色为 RGB（35，34，36），如图 8-31 所示。

02 使用"矩形工具"在画布顶部创建黑色矩形，并修改其"不透明度"为 75%，如图 8-32 所示。使用"矩形工具"在矩形下方绘制黑色直线，如图 8-33 所示。

03 修改其"不透明度"为 30%，使用"矩形工具"在画布左上角创建白的矩形，如图 8-34 所示。选择"路径选择工具"，按 Alt 键的同时单击选择并拖动该形状至合适位置，适当缩放，如图 8-35 所示。使用相同的方法完成相似的制作，如图 8-36 所示。

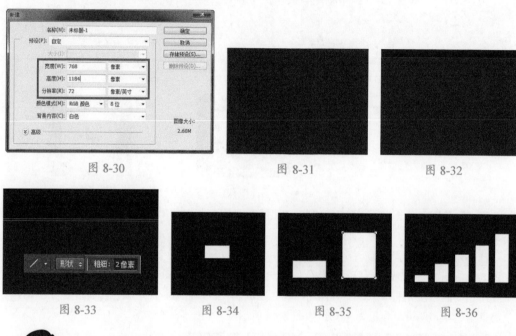

图 8-30　　　　　　　　图 8-31　　　　　　　　图 8-32

图 8-33　　　　　　　图 8-34　　　　　　图 8-35　　　　　　图 8-36

 提示：**"路径选择工具"**可以选择多路径组合图形中单一的一条路径，按 Alt 键的同时将鼠标光标放在选择路径边缘，当鼠标光标出现一个小加号后拖动路径，即可在当前形状图层中复制形状路径。

04 打开"字符"面板设置参数，并使用"横排文字工具"在画布中输入文字，如图 8-37 所示。双击该图层缩览图，在弹出的"图层样式"对话框选择"投影"选项设置参数值，如图 8-38 所示。

05 设置完成后单击"确定"按钮，得到的图像效果如图 8-39 所示。使用"椭圆工具"创建白色的正圆，如图 8-40 所示。选择"矩形工具"，设置"路径操作"为"减去顶层形状"，在正圆中心绘制，如图 8-41 所示。

 提示：本步骤原图为黑底白字，然后为白色文字添加了黑色白透明投影效果，为了使读者看得更清晰，临时将背景颜色改为浅灰色。

图 8-37

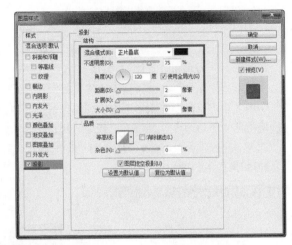

图 8-38

图 8-39

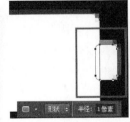

图 8-40

图 8-41

06 使用"圆角矩形工具"创建白色的形状，如图 8-42 所示。设置"路径操作"为"合并形状"，继续在形状中绘制，如图 8-43 所示。

07 选择"矩形工具"，设置"路径操作"为"减去顶层形状"，减去图形中不需要的部分，如图 8-44 所示。继续设置"路径操作"为"合并形状"，在图形中绘制，如图 8-45 所示。

08 使用相同的方法完成状态栏上其他图标和文字的制作，并将这些图层编组，重命名为"图标"，将该组"不透明度"设置为 75%，如图 8-46 所示。

图 8-42

图 8-43

图 8-44

图 8-45

图 8-46

⑨ 将所有图层和图层编组，重命名为"状态栏"，如图 8-47 所示。使用"矩形工具"在导航栏下方创建任意颜色的矩形，如图 8-48 所示。

图 8-47

图 8-48

⑩ 双击该图层缩览图，在弹出的"图层样式"对话框中选择"内阴影"选项设置参数值，如图 8-49 所示。选择"渐变叠加"选项设置参数值，如图 8-50 所示。

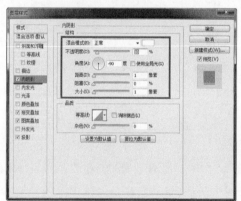

图 8-49

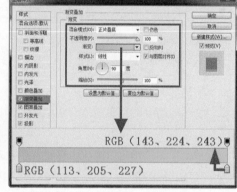

图 8-50

⑪ 继续选择"图案叠加"选项设置参数值，并按照图示载入图案"素材\第 8 章\纹理 .apt" 如图 8-51 所示。选择"投影"选项设置参数值，如图 8-52 所示。

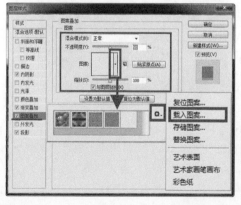

图 8-51

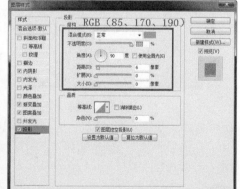

图 8-52

⑫ 设置完成后单击"确定"按钮，得到的图像效果如图 8-53 所示。使用"直线工具"创建"填充"为 RGB（1、35、43）、"粗细"为 2 像素的直线，如图 8-54 所示。

图 8-53

图 8-54

⑬ 双击该图层缩览图，在弹出的"图层样式"对话框选择"内阴影"选项设置参数值，如图8-55所示。
选择"投影"选项设置参数值，如图 8-56 所示。

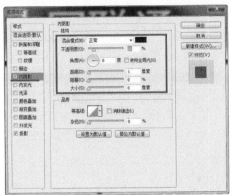

图 8-55

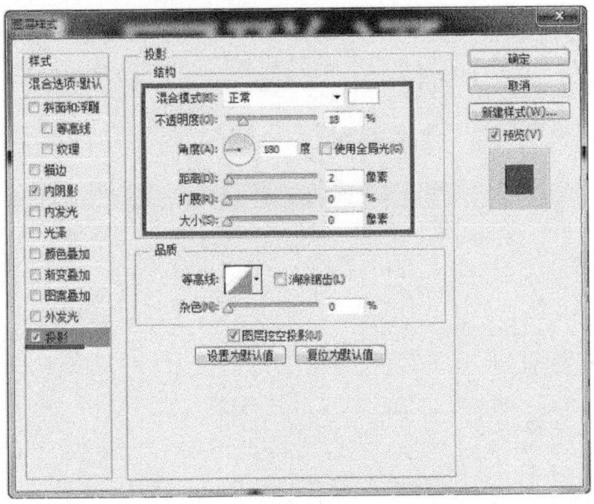

图 8-56

⑭ 设置完成后单击"确定"按钮，修改其"填充"为10%，图像效果如图8-57所示。使用相同
的方法完成相似的制作，得到导航栏效果，如图8-58所示。

图 8-57

图 8-58

⑮ 使用"矩形工具"创建"填充"为RGB（246，244，248）的矩形，并将其拖移至"导航栏"
下方，如图8-59所示。继续在画布中创建白色的矩形，如图8-60所示。执行"文件 > 打开"
命令，打开图像"素材 \ 第 1 章 \003.jpg"，将其拖入画布中，如图 8-61 所示。

提示：也可以执行"文件 > 置入"命令，弹出"置入"对话框，选择要拖入设计
文档的图像，单击"置入"命令，即可将文件直接在设计文档中打开，"图
层"面板可以看到图像文件为智能对象。

图 8-59　　　　　　　　　　图 8-60　　　　　　　　　　　图 8-61

⑯ 右击该图层缩览图，在弹出的快捷菜单中选择"创建剪贴蒙版"选项，图像效果如图 8-62 所示。
使用相同的方法完成相似的制作，如图 8-63 所示。

图 8-62　　　　　　　　　　　　　　　　　图 8-63

⑰ 使用"圆角矩形工具"创建任意颜色的形状，如图 8-64 所示。打开"图层样式"对话框选择"斜
面和浮雕"选项设置参数值，如图 8-65 所示。

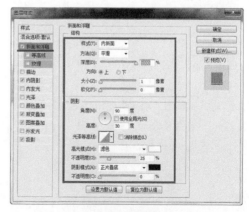

图 8-64　　　　　　　　　　　　　　　图 8-65

⑱ 继续选择"内阴影"选项设置参数值，如图 8-66 所示。选择"渐变叠加"选项设置参数值，
如图 8-67 所示。

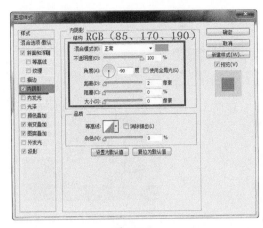

图 8-66

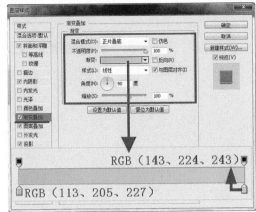

图 8-67

⑲ 选择"图案叠加"选项设置参数值，如图 8-68 所示。选择"投影"选项设置参数值，如图 8-69 所示。

 提示：该步骤中的图案与步骤 11 中的图案是相同的，可以按照步骤 11 中的方法载入外部图案素材。

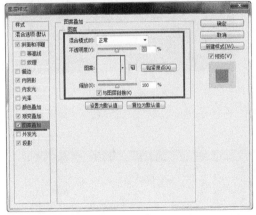

图 8-68

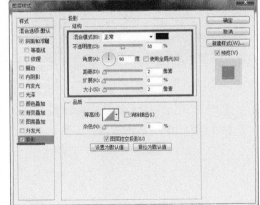

图 8-69

⑳ 设置完成后单击"确定"按钮，得到的图像效果如图 8-70 所示。复制该形状，并清除图层样式，将其向下拖移 2 像素，如图 8-71 所示。

图 8-70

图 8-71

㉑ 打开"图层样式"对话框，选择"描边"选项设置参数值，如图 8-72 所示。选择"投影"选项设置参数值，如图 8-73 所示。

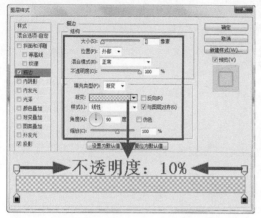
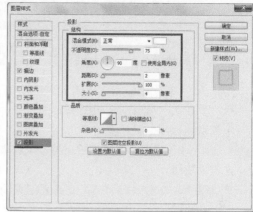

图 8-72 图 8-73

㉒ 设置完成后单击"确定"按钮，修改图层"填充"为 0%，并将该图层拖移至"圆角矩形 5 下方"，图像效果如图 8-74 所示。使用相同的方法完成其他按钮的制作，如图 8-75 所示。

图 8-74 图 8-75

㉓ 使用相同的方法完成整个界面的制作，界面的最终效果如图 8-76 所示。对相关图层进行整理编组，"图层"面板如图 8-77 所示。

图 8-76 图 8-77

8.6 课堂提问

统一的外观和整体的用户界面效果能够增加产品的价值，精美的图形样式还能让用户觉得 UI 更专业。下面为读者介绍关于 Android 应用程序常见类型图标的使用详细指南。

8.6.1 问题 1——Android UI 图标有哪些类型

Android 系统图标包括启动图标、菜单图标、状态栏图标、Tab 图标、对话框图标以及列表视图图标，下面对这些图标的作用进行详细介绍。

➤ 启动图标

启动图标是应用程序在设备的主界面和启动窗口的图形表现。

➤ 菜单图标

菜单图标是当用户按菜单按钮时放置于选项菜单中展示给用户的图形元素。

➤ 状态栏图标

状态栏图标用于应用程序在状态栏中的通知。

➤ Tab 图标

Tab 图标用来表示在一个多选项卡界面中的各个选项的图形元素。

➤ 对话框图标

对话框图标是在弹出框中显示，增加互动性。

➤ 列表视图图标

使用列表视图图标是用图形表示列表项，如果想要更快地创建该图标，可以导向 Android 图标模板包。

8.6.2 问题 2——Android UI 图标设计原则

Android 系统被设计成可在一系列屏幕尺寸和分辨率不同的设备上运行。为 Android 应用设计图标，应该考虑其在不同设备上的安装与运行。

● **图标的密度**

Android 设备的屏幕密度基线是中等，推荐使用的为多种屏幕密度创造图标的方式如下。

➤ 首先为基准密度设计图标。

➤ 把图标放在应用的默认可绘制资源中，然后在 Android 可视化设备（AVD）或者 HVGA 设备如 T-Mobile G1 中运行应用。

➤ 根据需要测试和调整基准图标。

➤ 如对在基准密度下创建的图标感到满意，则可为其他密度创造副本。

把基准图标按比例增加为 150%，创造一个高密度版本。把基准图标按比例缩小为 75%，创造一个低密度版本。

➤ 把图标放入应用的特定密度资源目录中。

8.7 课后练习——Android APP 天气预报界面

通过本章和前面章节中 Android 相关 UI 设计知识的讲解，以及前面案例的制作，读者对

Android UI 有了进一步的认识，可轻松地完成下面界面的制作，如图 8-78 所示。

渲染风格：	扁平化
尺寸规格：	768 像素 ×1184 像素
源文件地址：	源文件 \ 第 8 章 \ 案例 16.PSD
视频地址：	视频 \ 第 8 章 \ 案例 16.SWF

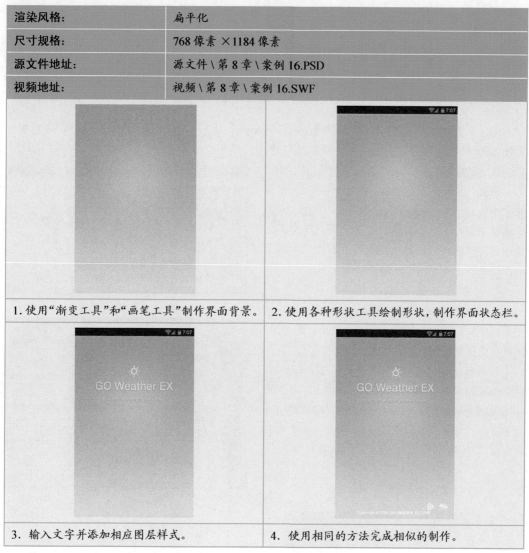

1. 使用"渐变工具"和"画笔工具"制作界面背景。	2. 使用各种形状工具绘制形状，制作界面状态栏。
3. 输入文字并添加相应图层样式。	4. 使用相同的方法完成相似的制作。

图 8-78

附录 A　Photoshop CC 的新增功能

相对于 Photoshop CS6 来说，最新版本的 Photoshop CC 在界面上的变化比较少，但有较多对各种功能的整合和完善，也加入了不少新增功能。

1. 图像大小

执行"图像 > 图像大小"命令，即可打开"图像大小"对话框。Photoshop CC 的"图像大小"对话框中新增了一种采样方式：保留细节（扩大）。使用这种算法可以在放大图像时获得比以往更多的图像细节。

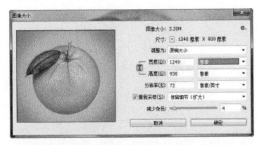

2. 全新的 Camera Raw

Camera Raw 是一款与 Photoshop 捆绑安装的专业调色软件，它功能强大、操作简单、易上手，因此深受摄影师的喜爱。

从 Photoshop CC 开始，用户可以直接执行"滤镜 >Camera Raw"命令，将 Camera Raw 用于智能对象或普通图层，而不必通过 Bridge 启动。而且 Camera Raw 本身也新增了径向滤镜和垂直校正图像等功能，进一步完善了用户体验。

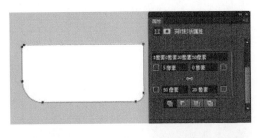

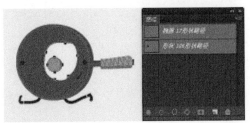

3. 可编辑的圆角

Photoshop CC 加入了全新的实时路径功能，用户可以在绘制完圆角矩形和矩形后，在"属性"面板中反复修改圆角，而且能够编辑 4 个圆角的弧度。而在此之前，用户只能使用"直接选择工具"一个个地调整锚点。

4. 同时选择多个路径

之前，当用户选择多个矢量形状时，它们在"路径"面板上是不可见的。现在，用户所选择的矢量路径都会出现在"路径"面板中，方便进行各种与"路径"面板相关的操作，在一定程度上可以提高工作效率。

5. 隔离编辑路径

现在，Photoshop CC 可以像 Illustrator 一样将特定路径隔离起来进行编辑。用户可以使用右键快捷菜单进入隔离模式，或者双击需要编辑的形状将之隔离，这样就不必担心波及其他路径了。

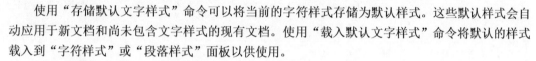

6. 载入与存储默认文字样式

Photoshop CC 在"字符样式"和"段落样式"面板的面板菜单中新增了"载入默认文字样式"和"存储默认文字样式"选项。

使用"存储默认文字样式"命令可以将当前的字符样式存储为默认样式。这些默认样式会自动应用于新文档和尚未包含文字样式的现有文档。使用"载入默认文字样式"命令将默认的样式载入到"字符样式"或"段落样式"面板以供使用。

7. "液化"滤镜可用于智能对象

从 Photoshop CC 开始，用户可以将"液化"滤镜应用于智能对象。这意味着一次液化失败后，用户无须在原图上再操作一次，这对工作效率的提高很有用。

8. 增强的"智能锐化"滤镜

使用"智能锐化"滤镜可以将照片中的阴影和细节部分呈现出来，将照片变得更加清晰。在最新版本的 Photoshop CC 中，智能锐化得到了改进，这次的改进使图像锐化更加真实和自然，同时用户也可以使用老版本的智能锐化。

9. 全新的"防抖"滤镜

Photoshop CC 新增了"防抖"滤镜，用户可以通过执行"滤镜 > 锐化 > 防抖"命令来调用该功能。该功能可以在几乎不增加噪点、不影响画质的前提下，使因轻微抖动而造成的模糊能瞬间重新清晰起来。

该功能只能作为拍片失败的一个补救，若要得到完美的效果，还是要在前期多下功夫。

附录 B　常见手机尺寸

目前，市场上的手机种类非常多，屏幕的尺寸很难有一个相对固定的参数。按照手机屏幕的横向分辨率可以大致将它们分为 4 类：低密度（LDPI）、中等密度（MDPI）、高密度（HDPI）和超高密度（XHDPI）。下面是具体参数。

	低密度 LDPI	中等密度 MDPI	高密度 HDPI	超高密度 XHDPI
分辨率	12DPI 左右	160DPI 左右	240DPI 左右	320DPI 左右
小屏	240×320	—	480×460	
普屏	240×400 240×432	320×480	480×800 800×854 600×1024	640×960
大屏	480×800 400×854	480×800 400×854 600×1024	—	—
超大屏	1024X600	1280×800 1024×768 1280×768	1536×1152 1920×1152 1920×1200	2048×1536 2560×1536 2560×1600

附录 C 图标的设计标准

目前，市场上比较常见的智能手机操作系统有 **iOS**、**Android** 和 **Windows Phone**，每种操作平台对于图标的设计尺寸都有自己的标准，构建手机 UI 界面时应严格按照官方标准文件制作图标。下面是不同操作平台的图标设计标准。

1. iOS 系统的图标设计标准

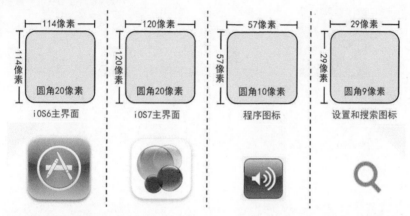

2. Android 系统的图标设计标准

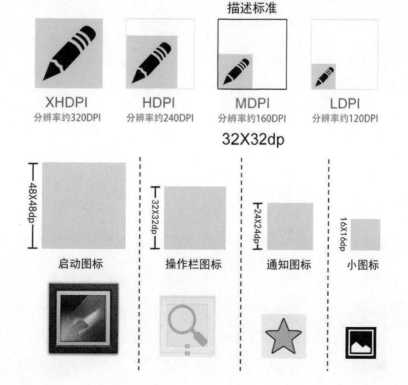

3. Windows Phone 系统的图标设计标准

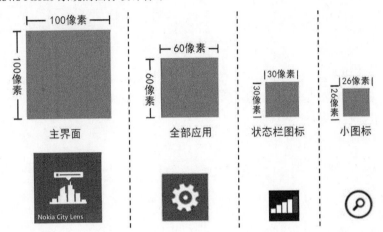